Dem Andenken meiner drei toten Freunde,

des lieben Jugendgefährten

Dr. phil. August Weller,

des frohmütigen Genossen goldener Burschenzeit

Alfred Lüttich

und meines treuen Dienstkameraden und Kriegsgefährten

Dr. phil. Ernst Mueller.

Sie sind Opfer des Krieges.

Sonderabdruck aus dem
Jahrbuch der Schiffbautechnischen Gesellschaft, XXIII. Band 1922.

Der Gegenstand ist vom Verfasser am 17. November 1921
auf der XXIII. ordentlichen Hauptversammlung
der Schiffbautechnischen Gesellschaft vorgetragen worden.

ISBN 978-3-662-27388-3
ISBN 978-3-662-28875-7 (eBook)
DOI 10.1007/978-3-662-28875-7

Fünfhunderttausend Tonnen deutscher Kriegsschiffe, stolze Wahrzeichen deutscher Schiffbaukunst, deutscher Wissenschaft und deutscher Arbeit, wurden durch unsere Seeleute am 22. Juni 1919 in der Bucht von Scapa Flow versenkt! — Der Soldatensinn des tapferen Führers hat es nicht zugelassen, daß die kostbaren Schiffe schmählich dem Vielbund unerbittlicher Feinde übergeben wurden, und seine Leute haben durch die Ausführung des Befehles zur Versenkung einen großen Teil der Schmach wieder abgewaschen, die am 9. November 1918 über die deutsche Kriegsflagge gekommen war.

Die anfängliche Bestürzung bei unseren Feinden machte schnell dem Verlangen nach geeigneter Vergeltung Platz, und englische Staatskunst fand sehr bald den Weg dazu. Die Versenkung der Kriegsschiffe wurde der Vorwand, von uns die Herausgabe unseres Dockbestandes und unserer Hafenausrüstung zu fordern. Man kleidete so die Habsucht in das Gewand einer Bestrafung und nahm dem verhaßten Gegner zugleich die wichtigsten Hilfsmittel seiner Werften und die Möglichkeit, seine Handelsflotte rasch wieder auszubauen. Es war deutschen Schiffbau- und Schiffahrtskreisen sofort klar, daß die Versenkung der Kriegsschiffe nur als Vorwand benutzt wurde, und daß auch ohne die Tat des deutschen Admirals die Erdrosselung unseres Seehandels, unserer Seegeltung und unserer Schiffbauindustrie erfolgt wäre, wurde doch diese Absicht durch die Forderung nach Auslieferung von 75 v. H. der deutschen Docks über 10 000 Tonnen genügend verständlich. Wozu braucht Deutschland denn auch die großen Docks, wenn es die Schiffe nicht mehr besitzt, die darin gedockt werden können? — —

Die Liste der im Herbst 1919 in Deutschland vorhandenen Docks[1]), die insgesamt 13 solcher Bauten mit etwa 340 000 t Tragfähigkeit aufweist, läßt erkennen, daß wir die großen neuen Docks alle verlieren mußten, und von dem Rest nur die älteren und vielleicht die L-Docks behalten würden.

Im Gegensatz zu Großbritannien, Frankreich, den Vereinigten Staaten hat sich im letzten Jahrzehnt vor dem Kriege auf deutschen Großwerften eine glückliche Entwicklung vollzogen gehabt, die darin bestanden hat, daß ein Dockbetrieb von höchster Leistungsfähigkeit mit einem technisch vollendeten Werftbetrieb vereinigt worden ist. Während beispielsweise in England die

[1]) Schiffbau Jahrgang XXI, S. 154.

Hafenbehörden die notwendigen Arbeiten zur Instandhaltung und Überholung des Unterwasserschiffes in der Hand haben, und zahlreiche Dockgesellschaften, die aber fast ausschließlich nur im Besitz von Trockendocks sind, die Ausbesserung und Erhaltung besorgen, haben deutsche Werften frühzeitig die Wichtigkeit von eigenen Dockanlagen erkannt und entsprechend gehandelt. Der in

Besitzer	Liegeplatz	Tragkraft in t
Blohm und Voß	Hamburg	46 000
Reichswerft	Kiel	40 000
Reichswerft	Kiel	40 000
Marinewerft	Wilhelmshaven	40 000
Blohm und Voß	Hamburg	35 000
Vulkan	„	27 000
Reiherstieg	„	27 000
Blohm und Voß	„	17 500
Vulkan	„	17 500
Blohm und Voß	„	17 000
Weserwerft	Bremen	12 000
Reiherstieg	Hamburg	11 500
Vulkan	„	11 000
Reiherstieg	„	7 000
Vulkan	„	6 000
Reichswerft	Danzig	6 000
Stülken, Sohn	Hamburg	5 700
Reiherstieg	„	5 000
Vulkan	Stettin	5 000
Blohm und Voß	Hamburg	4 700
Howaldwerke	Kiel	4 600
Reichswerft, 19 Stk.	„	37 600 insgesamt
Deutsche Werft	Hamburg	4 000
Stülken, Sohn	„	3 500
Weserwerft	Bremen	3 300
Nordseewerke	Emden	3 250
Koch	Lübeck	3 000
Neptun, A.-G.	Rostock	3 000
Blohm und Voß	Hamburg	3 000
Flensburger Schiffb.	Flensburg	2 800
J. W. Klawitter	Danzig	2 600
Vulkan	Stettin	2 500
Stülken, Sohn	Hamburg	2 100
Oderwerke	Stettin	1 800
Oderwerke	„	1 700
Nüske	„	1 700
Holz	Hamburg	1 200
Nüske	Stettin	1 100
Schichau	Pillau	1 050
Heringsgesellsch.	Vegesack	1 000
Kieler Dockgesellsch.	Kiel	700
Kieler Dockgesellsch.	„	300

den letzten 30 Jahren immer mehr aufkommende Bau von Schwimmdocks hat in Deutschland diese Entwicklung gefördert, da Dockgesellschaften mit Trockendockanlagen gar nicht vorhanden gewesen sind und die Schwimmdocks ein willkommenes Mittel für die Werften darstellen, sich Trockensetzeinrichtungen zuzulegen, ohne kostbares Gelände für den Bau von Trockendocks opfern zu müssen. Die Reedereien, die früher ihre Schiffe im Ausland überholen ließen, konnten nunmehr die deutschen Werften dafür heranziehen. Die Schwimmdocks wurden so für die Baufirmen von größter Bedeutung, zumal Instandsetzungsarbeiten ein erträglicheres Geschäft sind als Neubauten.

Bereits lange vor dem Kriege haben die Engländer die rasche Zunahme des deutschen Schwimmdockparkes als recht unangenehm empfunden, und es wird verständlich, daß zu den Friedensbedingungen unerläßlich auch die Abtötung dieses den englischen Belangen zuwiderlaufenden Zweiges deutscher Entwicklung gehören mußte. Wie im Schiffbau, so hat auch im Schwimmdockbau Deutschland sich als ein gelehriger Schüler Englands erwiesen, wo bekanntlich Clark and Standfield sich als erste einen Ruf im Dockbau erobert haben. Es sind aber auch in Deutschland die Verhältnisse für die Entwicklung dieses so wichtigen Sondergebietes des Schiffbaues ausnehmend günstige gewesen, und mit der bekannten Gründlichkeit und Sorgfalt haben sich Werften sowohl wie Brückenbaufirmen und Ingenieurbureaus der Frage bemächtigt. Auch die Kriegsmarine, die lange Zeit die Trockendocks bevorzugte, ist schließlich von dieser Vorliebe abgegangen und hat der Schwimmdockfrage ihre Aufmerksamkeit in besonderem Maße zugewandt. Gegen Schluß des Krieges besaß die Marine allein etwa 23 Schwimmdocks mit rund 165 000 t Hebefähigkeit.

Wenn nun auch in absehbarer Zeit die Marine eine so große Anzahl Schwimmdocks nicht entfernt wird nötig haben, so wird für unsere Handelsflotte, die wir ja notgedrungen wieder ergänzen und in Rücksicht auf die Wirtschaftlichkeit bestens instandhalten müssen, das Schwimmdock von höchster Bedeutung bleiben. Wie so vieles, was der Krieg uns genommen hat, wird ersetzt werden müssen, wollen wir nicht in eine allzu große und verhängnisvolle Abhängigkeit vom Ausland gelangen, so muß auch mit allen Kräften an die Wiederherstellung unseres Schwimmdockparkes gegangen werden. Unsere Reedereien müssen in der Lage sein, ihre Schiffe in Deutschland zu überholen, und auch durch das Docken fremder Schiffe muß eine Verdienstquelle für unsere Werften erschlossen werden. Daß dabei verdient werden kann, zeigt beispielsweise die Mitteilung, daß die Amsterdamer Dockgesellschaft im Jahre 1918 314 Schiffe mit 246 000 t im Jahre 1919 sogar 434 Schiffe mit zusammen 811 000 t Gewicht in ihren Docks zu Instandsetzungsarbeiten gehabt hat. Man muß bedenken, daß dieses nicht nur niederländische Schiffe gewesen sind, sondern daß alle Schiffahrt treibenden Länder ihren Anteil daran haben. Wenn daher auch in unseren großen deutschen Seehäfen in vollkommener Weise und so billig wie möglich für Dockgelegenheit Sorge getragen wird, dann muß die Auswirkung auf unsere Schiffbauindustrie in den Hafenorten alsbald fühlbar werden.

Es ist ein Gebot der Stunde, so schnell wie irgend angängig, unseren Verlust an Schwimmdocks wieder wettzumachen oder mindestens zu verringern. Wir müssen allen fremden Schiffen, die unsere Seehäfen aufsuchen, die Mittel bieten, bei uns docken zu können, um Instandsetzungsarbeiten vorzunehmen. Der Ruf, der Deutschland in der Vorkriegszeit vorangegangen, daß es gute Arbeit leiste, ist noch nicht vergessen. — —

Wenn nun an die Wiederherstellung unseres Dockparkes gegangen wird, so sind wir in der günstigen Lage, nunmehr bei allen Neubauten in umfassendster Weise den veränderten Verhältnissen Rechnung tragen zu können und alle Erfahrungen, die während der letzten Jahrzehnte im Schwimmdockbau gesammelt sind, zu verwerten. Es wird, da ja sozusagen von Grund auf neugebaut werden muß, unter diesen Umständen möglich sein, einen Schwimmdockpark zu schaffen, bei dessen Bau die Einheitlichkeit und die Normung und damit verknüpft die Wirtschaftlichkeit Hauptgesichtspunkte gewesen sind.

Es ist klar, daß zwischen dem Besteller einerseits und den Erbauern andererseits gewisse Vereinbarungen getroffen werden müssen, daß man auf der einen Seite vielleicht Vorurteile aufgibt und Sonderwünsche überprüft, auf der anderen Seite möglicherweise in Hinsicht auf die Einheitlichkeit und die damit zusammenhängende billigere Herstellung Entwürfe vorlegt, die diesen Ansprüchen genügen. Die Normungsbestrebungen haben uns in eine neue Zeit geführt, und wenn bisher jede Werft, jede Eisenbaufirma, jeder Ingenieur wie überall so auch in bezug auf den Dockbau ängstlich darauf bedacht gewesen ist, die gemachten Erfahrungen zu hüten, so wird man, will man vereinheitlichen, wohl oder übel davon abgehen und zur gemeinsamen Auswertung der Betriebserfahrungen, Entwurfs- und Bauverfahren schreiten müssen. Die Vereinheitlichung, soweit sie den Schwimmdockbau angeht, anzuregen und fördern zu helfen, ist der Zweck der vorliegenden Arbeit.

Überschauen wir kurz, welche hauptsächlichsten Arten von Docks Verwendung finden und für den Wiederaufbau des deutschen Dockparkes möglicherweise in Frage kommen[1]). Ausgeschlossen aus dem Kreis der Betrachtungen seien die L-Docks, deren es in Deutschland nur drei gibt, und die einen Sonderbau, der durch die örtlichen Verhältnisse bedingt ist, darstellen. Verfasser glaubt nicht, daß die L-Docks künftighin in nennenswerter Zahl gebaut werden, wenngleich gewisse Vorteile, wie geringerer Baustoffverbrauch und damit billigere Herstellung, bequemes Hereinholen der Schiffe usw. gegebenenfalls für sie einnehmen könnten. Es bleibt füglich nur noch die Gruppe der U-Schwimmdocks, zu denen hier auch die Hebewerke und Hebedocks gezählt werden können. Wenn man von der Forderung des Selbstdockens, worunter man die Fähigkeit versteht, einzelne Teile des Docks mit Hilfe der übrigen docken zu können, absieht, so erhält man folgerichtigerweise einen Schwimmkörper, dessen Querschnitt an allen Stellen U-förmig ist und ein in sich geschlossenes Bauwerk darstellt.

Das trifft für alle kleineren Schwimmdocks zu, die mit Hilfe größerer Docks gedockt werden können. Bei allen großen Bauten jedoch ist man zu der Forderung des Selbstdockens gezwungen, wenn man nicht gleichzeitig im selben Hafen so riesige Trockendocks hat, daß sie die ungeteilten und unzerlegten Schwimmdocks aufnehmen können. Die Grenze liegt ziemlich weit unten, da die Tore der größten Trockendocks kaum über 35 m Durchfahrtsöffnung aufweisen.

Die Forderung des Selbstdockens ist berechtigt, wenn man berücksichtigt, daß unter dem Einfluß von Salzwasser und Seepflanzen Eisenbauwerke unter

[1]) In den Fachzeitschriften finden sich mehrfach Gegenüberstellungen und Besprechungen von Docks, so Schiffbau XV, S. 565/569, v. Klitzing, Schwimmdocks mit Selbstdockungseinrichtung. Am umfassendsten ist aber wohl die Zusammenstellung von Karner in „Der Eisenbau", Jahrgang X, S. 231/239, 248/258, auf die hier hingewiesen wird.

Wasser stark leiden, und daß eine diesen Übelstand völlig abstellende Farbe noch nicht gefunden worden ist. So müssen die Unterwasserteile des Docks nach längerer oder kürzerer Zeit, die von der Beschaffenheit des Liegeplatzes und des Wassers abhängt, einer Besichtigung und Reinigung unterzogen werden.

Zwei Arten von U-Schwimmdocks erfüllen die Forderung des Selbstdockens. Bei der einen Art übernimmt das Dock keine oder nur beschränkte Spannungen in der Längsrichtung, und hauptsächlich durch zweckentsprechendes Pumpen

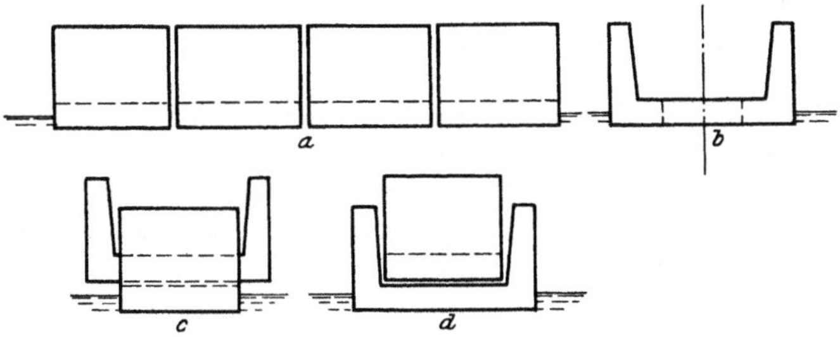

Abb. 1. Teildock.

muß es erreicht werden, daß auch auf das eingedockte Schiff keine nennenswerten Spannungen dieser Art kommen. Bei der zweiten Art sind die Seitenwände durchlaufend angeordnet und so stark ausgebildet, daß sie die Ungleichmäßigkeit der Schiffslast übertragen und in der Längsrichtung Zug- und Druckspannungen aufnehmen. Das Schiff selbst wird dann nicht in Mitleidenschaft gezogen.

Als zur ersten Art gehörig ist zunächst das Teildock (sectional dock), Abb. 1, zu nennen. Es besteht aus einer Anzahl von Einzeltrögen (solidtrough sections)

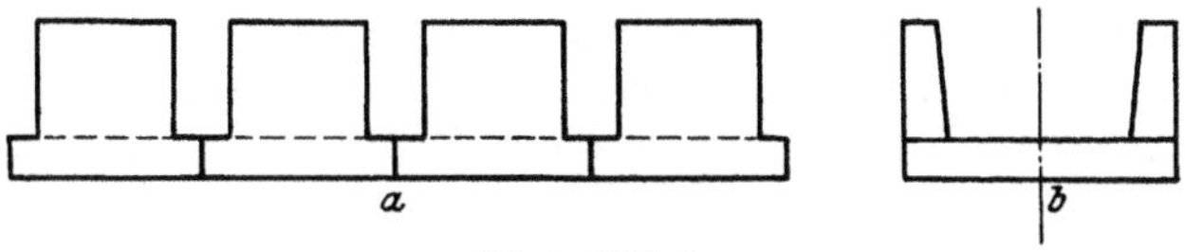

Abb. 2. Teildock.

von solcher Länge, daß der eine den andern docken kann, wie es die Abbildung zeigt. Die einzelnen Teile sind aneinander gekuppelt, aber nicht fest verbunden, und so erfordert das Docken eine große Aufmerksamkeit, damit auch jeder Teil das seinige zum Heben der Schifflast beiträgt, ohne das Schiff selbst in seiner Längsrichtung übermäßig zu beanspruchen.

Ein Teildock, das sich im wesentlichen nur durch die Art des Selbstdockens von dem eben beschriebenen unterscheidet, ist das in Abb. 2 dargestellte. Die Bodenstücke der einzelnen Tröge sind länger als die Seitenwände, und auf den dadurch entstehenden Vorsprüngen können immer je zwei Abteilungen eine dritte docken.

Bei beiden Arten werden durch die Unterteilung die Rohrleitungen zertrennt, auch die Zusammenfassung der Maschinenanlage erschwert, und wenn man schon auf besondere Maschinenanlagen in jedem Trog verzichtet, so wird man doch zumindest auf Kabelleitungen von Land aus oder von dem Hauptkroge aus angewiesen sein.

Umfangreicher ist die Gruppe derjenigen selbstdockenden U-Schwimmdocks, bei denen Zug- und Druckspannungen durch die Seitenkasten aufgenommen werden können. Werden die einzelnen Tröge eines Teildocks fest miteinander verbunden durch Bolzen, Stoßbleche und Gelenke, jedoch so, daß die Verbindungen zum Zwecke des Selbstdockens gelöst werden können, so entsteht das verbesserte Teildock, auch wohl „Pola-Typ“ genannt. Der Form nach sind meistens die Seitenkästen der Endtröge abgeschrägt, um ein geringeres Eigengewicht zu erzielen, und weil die abgeschnittenen Ecken für die Aufnahme von Längsspannungen nicht mehr in Frage kommen. Ebenso sind die Bodenschwimmkästen an den Enden des Docks oft von geringerer Höhe und zugeschärft, weil entsprechend der Schiffsform durch die Enden des Docks weniger Last zu heben ist. Als bekannte Vertreter dieser Dockart seien das Dock von Trinidad, 4000 t Hebekraft, das der Stadt Rotterdam von 7500 t, das Dock in Pola mit 15 000 t Hebefähigkeit, das des Hamburger Vulkan von 36 000 t Leistung und schließlich die für die Marinewerften Kiel und Wilhelmshaven 1911—1914 durch die Howaldwerke und Blohm & Voß fertiggestellten Docks für 40 000 t-Schiffe genannt.

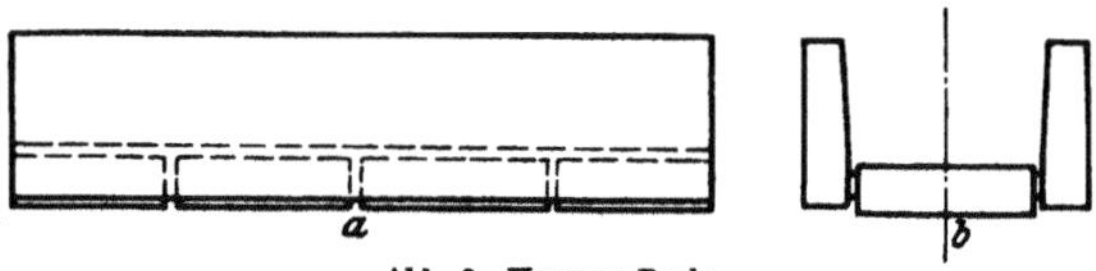

Abb. 3. Havanna-Dock.

Clark und Standfield, die Begründer dieser Dockbauart, haben dann in einem anderen Muster, dem sogenannten Havanna-Typ, in geschickter Weise eine größere Längsfestigkeit erreicht, Abb. 3.

Die Seitenkasten sind durchlaufend und reichen fast bis zur Sohle der Bodenschwimmer, wodurch ein Träger von großer Höhe und Längsfestigkeit gebildet wird. Die Bodenschwimmer sind zwischen den Seitenkasten angeordnet und durch Fischplatten fest mit ihnen verbunden. Die Art des Selbstdockens ist leicht verständlich. Nachdem die Verbindungen mit den Seitenwänden und Bodenschwimmkasten gelöst sind, kann man einen oder mehrere dieser Bodenschwimmer durch Versenken des übrigen Docks frei bekommen und dann eindocken. Die Bodenüberholung der Seitenkasten wird bei gekrängtem Dock vorgenommen. Nach dieser Bauart sind beispielsweise das Dock in Durban, 9500 t, das Bermudadock von 16 500 t und das Dock von New-Orleans von 18 000 t Hebefähigkeit ausgeführt. Eine weitere Abart, die man kurz als den Dewey-Typ bezeichnen kann, ist zum erstenmal von der Maryland Steel Company bei dem U. S. Floating Dock „Dewey“ ausgeführt worden. Abb. 4 gibt diese Bauart wieder.

Ein langer Mittelteil, Boden- und Seitenkasten in einem Stück und daher von großer Festigkeit, hat an den Enden Aussparungen, in die je ein kleines Dock hineinpaßt. Beim Selbstdocken nimmt der mittlere Dockteil beide Endstücke auf, oder die beiden Endtröge tragen vereint den mittleren Dockteil. Es müssen allerdings in den kleinen „Enddocks" zu diesem Zweck getrennte Maschinenanlagen vorhanden sein. Eine genaue Beschreibung dieses Dewey-Docks von 18 000 t Hebefähigkeit findet sich in den Transactions of the American Society of Civil Engineers, Vol. 58, p. 97—195. Die Gesamtlänge des Docks beträgt 152 m, wovon 96 m auf den Mittelteil, 1,2 m auf die Zwischenräume und je 27,4 m auf die Endstücke entfallen.

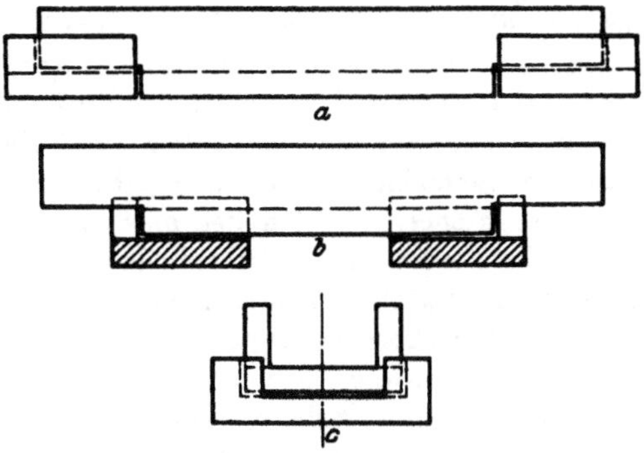

Abb. 4. Dewey-Dock.

Ähnlich dem „Dewey-Dock" ist das dreiteilige Dock nach den Entwürfen von Clark and Standfield, wie es Abb. 5 darstellt.

Auch hier tragen beim Selbstdocken zwei Dockteile den dritten. Recht große Docks, wie z. B. das 22500 t-Dock der österreichischen Kriegsmarine, sind nach diesem Muster gebaut.

Als letzte Gattung der wichtigsten selbstdockenden Bauarten sei der „Rennie-Typ" oder das Pontondock erwähnt. Zwei durchlaufende Seitenträger sind, wie aus der Abb. 6 ersichtlich, beiderseits auf eine Anzahl Schwimmkästen aufgesetzt und mit diesen fest, doch ohne besondere Schwierigkeiten lösbar, verbunden. Alle Biegebeanspruchungen in der Längsrichtung des Docks werden also auf die Seitenkasten übertragen und von diesen aufgenommen.

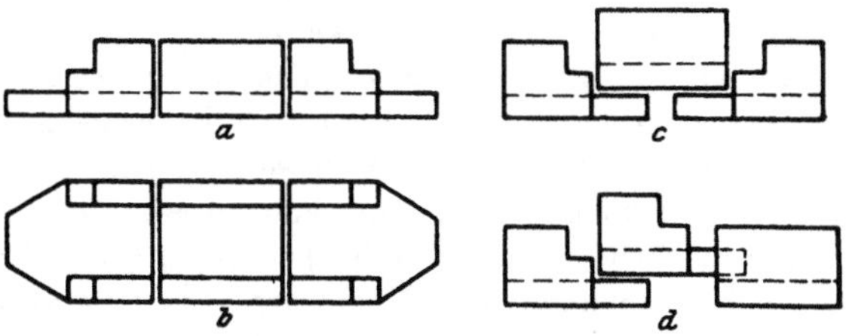

Abb. 5. Ausführungsart Clark & Standfield.

Die Seitenkasten liegen bei gehobenem Dock völlig über Wasser, so daß sie ohne weiteres nachgesehen und überholt werden können. Die Bodenschwimmkästen werden, nachdem die Verbindungen gelöst sind, seitlich herausgeholt und dann eingedockt. Docks dieser Art sind verschiedentlich in recht großen Abmessungen ausgeführt worden, so ein Dock der A.-G. Weser, Bremen, von 12000 t Hebekraft, ein Dock der Stadt Rotterdam von 15 600 t, das erste Tsingtau-Dock von 16 000 t und das 17 000 t Blohm & Voß-Dock in Hamburg.

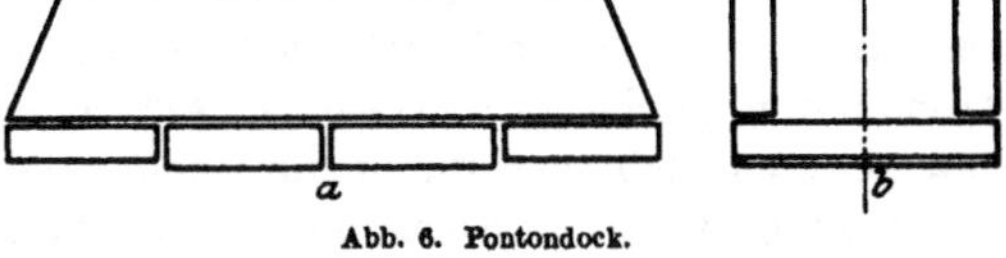

Abb. 6. Pontondock.

In vorstehender Übersicht sind die wichtigsten Dockbauarten, was ihre äußere Form zunächst angeht, kurz beschrieben. Naturgemäß gibt es noch eine Anzahl anderer Ausführungsarten, die alle durch Patente geschützt sind und gewisse Vorteile aufweisen, aber infolge einer Reihe weniger guter Eigenschaften keine allgemeine Verbreitung gefunden haben. Wenn diese Bauarten auch in gewissen Fällen in Hinsicht auf besondere Verhältnisse ihre Daseinsberechtigung haben, als Grundlage für Einheitsdocks kommen sie jedenfalls nicht in Frage. Schon bei flüchtigem Überprüfen der Vor- und Nachteile der obenbeschriebenen Dockbauarten wird man den „Pola-Typ" einerseits und die Docks mit durchlaufenden Seitenkasten, also den „Havanna-Typ" und den Rennie-Typ" andererseits in engere Wahl stellen müssen, falls nicht bei kleinen Bauwerken, für welche die Forderung des Selbstdockens in Fortfall kommt, weil sie in größeren Docks trocken gestellt werden können, überhaupt auf eine lösbare Unterteilung des Gesamthebekörpers verzichtet wird. Welches etwa die Größe ist, bis zu der man ohne zu zerlegen bauen wird, soll späterhin noch untersucht werden.

Verfasser ist der Meinung, daß, wenn die Selbstdockungsmöglichkeit für ein Dock verlangt wird, diese Selbstdockung in denkbar einfachster Weise erfolgen muß und ohne besondere Kunstgriffe. Wenn beispielsweise bei den sogenannten dreiteiligen Schwimmdocks die Selbstdockfrage in geschickter und kürzester Weise dadurch gelöst ist, daß einmal zwei Dockteile den dritten und ein andermal der größte der drei Teile die beiden kleinen trockensetzt, so werden wir den Gedanken ohne weiteres anerkennen und würdigen, im stillen aber doch jene Docks vorziehen, die beim Selbstdocken ihren inneren Zusammenhalt nicht verlieren, bei denen also nicht mehrere lose Teile gemeinsam zur Dockung des übrigbleibenden Stückes herangezogen werden. Die Selbstdockung ist so selten nötig, daß wir es ruhig in Kauf nehmen können, wenn wir für die Überholung des ganzen Docks an Stelle von zwei Hebungen deren drei gebrauchen. Damit werden wir bei Pola-, Havanna- und Rennietyp jedenfalls auskommen und brauchen auf dem Wasser keine Kunststücke zu machen. Wir wollen auch nicht vergessen, daß ganz bedeutende Beanspruchungen in den langen mittleren Teil gelangen, wenn er, nur an den beiden Enden unterstützt, gedockt wird. Die Beanspruchungen, welche die Schiffslast bei gewöhnlichem Gebrauch des Docks in den Seitenkästen erzeugt, bleibt in den meisten Fällen weit unter jenem Wert.

In der letzten Vorkriegszeit sind in Deutschland die allergrößten Docks nach dem Muster des Pola-Docks gebaut worden, und man muß sich die Frage vorlegen, weshalb dies geschehen ist. Besteller sowohl wie Erbauer sind sich doch darüber klar gewesen, daß man durch die Aneinanderreihung einzelner Tröge und die Verbindung durch Laschen nie die Festigkeit durchlaufender Seitenkasten erreichen konnte, und in der Tat ist gewöhnlich nur mit $^3/_4$ jener Festigkeit gerechnet worden. Da die Beanspruchung in unmittelbarem Verhältnis zum biegenden Moment steht, folgt, daß auch das größte Biegemoment nur $^3/_4$ desjenigen sein darf, welches bei durchlaufenden Seitenkästen zulässig ist, und daß man bei Schiffen, deren Lastverteilung ein solches Biegemoment erzeugt, durch Belassung von Ballastwasser in den Endstücken die biegende Wirkung der Schiffslast herabsetzt. Es leuchtet ein, daß bei kurzen und dicken Schiffen, deren Gewicht im übrigen der Hebefähigkeit des Docks durchaus entspricht, der Entwurfsfreibord nicht erreicht wird infolge des notwendig werdenden Trimmwassers in den Dockenden, falls die Durchbiegung der Längswände in engen Grenzen bleiben, bei einem 35 000—40 000 t-Dock beispielsweise 75—100 mm nicht übersteigen sollen. Die Marine hat tatsächlich auch diese Erfahrung gemacht, Schlachtschiffe der Badenklasse, die mit etwa 31 500 t in ein 40 000 t-Dock gingen, konnten nur bis zu etwa 275 mm Freibordhöhe gehoben werden. Die beiden Mitteltröge (Nr. 3 und 4) des sechsteiligen Docks enthielten dann nur noch ein Restwasser in etwa 200 mm Höhe, Abteilung 2 und 5 bereits 1600 und 1150 t und Abteilung 1 und 6 gar 7500 und 7300 t Ballastwasser. Bei dieser Sachlage erhöht dann jedes weitere Pumpen auf größeren Freibord das Biegemoment, was zu vermeiden ist, um die zulässige Durchbiegung nicht zu überschreiten.

Die Marine hat immer Wert darauf gelegt, daß die Schiffe selbst nur in geringem Maße beansprucht werden und hat stets Docks von ausreichender Festigkeit verlangt. Nicht so streng ist man in der Handelsmarine verfahren, aber hier hat man es sich leisten können; Riesen, wie „Vaterland", „Bismarck", „Imperator" haben im Verhältnis zum Dock, selbst wenn dieses ein solches mit durchlaufenden Seitenkasten ist, ein mehrfach größeres Widerstandsmoment, und an Stelle des Docks wird das Schiff als starker Träger Verschiedenheiten des Auftriebes ausgleichen. Bei Handelsschiffen überhaupt hilft man sich auf den Werften, da die vorhandenen Docks nicht immer genügende Größen besitzen, oft in der Weise, daß man zwei voneinander unabhängige Docks lose hintereinander reiht und dann die Dockung bewerkstelligt.

Der Entwicklungsweg des Polatyps steht vor unseren Augen. Die notwendigen Voraussetzungen für ein solches Verfahren, das nur als behelfsmäßig angesprochen werden kann, sind ruhige Wasseroberfläche, genaue Überprüfung der Stabilitätsverhältnisse, durchaus vorsichtiges Pumpen, ein festes Schiff. Es ist selbstverständlich, daß nur sehr erfahrene und kühne Dockmeister sich bereit finden, in Ausnahmefällen in der beschriebenen Weise Schiffe einzudocken, zu einem Dauerzustand werden es auch diese Dockmeister keinesfalls kommen lassen wollen. In der Kriegsmarine, wo bekanntlich die genauesten und peinlichsten Dockvorschriften bestehen, sind derartige Dockungen nach Kenntnis des Verfassers nicht ausgeführt worden, hier hat man stets vor Fertigstellung neuer größerer Schiffsklassen für Bereitstellung entsprechender Docks Sorge getragen. Es ist dies auch ein wichtiger Umstand, der befruchtend auf den Schwimmdockbau eingewirkt hat. England, das frühzeitig große Trockendocks gebaut hat, ist in Rücksicht auf deren Docktore lange Zeit mit seiner Schiffsbreite nicht in erforderlichem Maße heraufgegangen, sagt doch Lord Jellicoe in seinem Buche „The Grand Fleet", daß mit Rücksicht auf die vorhandenen Dockabmessungen die Breite der Großkampfschiffe hätte eingeschränkt werden müssen, so daß die Anordnung eines wirksamen Torpedoschutzschottes nicht möglich gewesen sei. Infolge dessen seien die Unterwassersprengwirkungen den englischen Schiffen verhängnisvoller als den deutschen gewesen, bei denen das Torpedoschott einen genügenden Abstand von der Außenhaut erhalten konnte. Die wenigen in Deutschland vorhandenen Trockendocks sind nicht so lange von dieser ausschlaggebenden Wirkung wie in England gewesen, man hat bald die Schlachtschiffe in dem Maße verbreitert, wie es ihre zunehmende Größe überhaupt und die Sicherung gegen Torpedoschüsse im besonderen verlangt hat und ist dann folgerichtig zum Bau von Schwimmdocks geschritten, um dem wachsenden Bedürfnis schnellstens zu genügen. Sicher ist die Möglichkeit, späterhin durch Einschalten neuer Tröge das Dock in einfachster Weise zu verlängern und zur Aufnahme noch größerer Schiffe herzurichten, hinsichtlich der Wahl des Polatyps mitbestimmend gewesen. Auch die riesige Breite der 40 000 t-Marinedocks, die licht etwa 45 m, über alles 56 m beträgt und für die Stabilität in hohem Maße ausreichend ist, scheint schon in Rücksicht auf die zu gegebener Zeit zu bewirkende Verlängerung der Docks festgelegt worden zu sein.

Die Frage durchlaufender Seitenkasten ist bei der Marine zweifellos eingehend geprüft und wohl hauptsächlich aus den eben angeführten Gründen schließlich zugunsten des Polatyps beantwortet worden. Bei der Handelsmarine ist bisher die Notwendigkeit fester, durchlaufender Seitenkasten wegen der weniger empfindlichen Schiffe nicht anerkannt worden. Verfasser ist nun der Ansicht, daß die völlige Verneinung durchlaufender Seitenkasten, wie sie in der Entwicklung unseres deutschen Dockbaues vor dem Kriege zum Ausdruck gekommen ist, jetzt mindestens die Berechtigung verloren hat und Einschränkungen erfahren kann. Es sind jetzt im Kriegs- und Handelsschiffbau Verhältnisse eingetreten, die uns nicht annehmen lassen können, daß die Größenentwicklung der Kriegs- und Kauffahrteischiffe weiterhin eine derartig sprunghafte sein wird wie in den letzten fünf Jahren vor dem Kriege. Die Größe der Schlachtschiffe scheint mit etwas 45 000 t vorerst ein Höchstmaß erreicht zu haben, und betreffs der Fracht- und Fahrgastschiffe dürften solche in Abmessungen über 50 000 t zunächst kaum in Auftrag gegeben werden. So berichtet Lloyds List vom 24. Juni 1920, daß der Bau von Liniendampfern, die mit der „Olympic“, „Aquitania“, „Mauretania“ und den früheren deutschen großen Schnelldampfern „Vaterland“ und „Imperator“ in Wettbewerb treten könnten, fürs erste in England unterbleiben müsse, und ob in den nächsten zehn Jahren sich die Bau- und Betriebskosten geringer stellen würden, sei noch sehr zu bezweifeln. Man geht zweifellos dazu über, nach bestimmten Musterschiffen, die man auf Grund von Versuchen und Rechnungen als die wirtschaftlichsten für bestimmte Fahrstrecken herausgebildet hat, ganze Reihen nachzubauen. Die seit einem Jahrzehnt angestrebte Vereinheitlichung der Handelsschiffe ist in voller Entwicklung, und es ist tatsächlich auch nicht einzusehen, weshalb Frachtschiffe nicht nach wenigen erprobten Mustern gebaut werden sollen, während es bei den Eisenbahnen Einheitsgüterwagen, Einheitslokomotiven, im Baufach Einheitsgrundrisse, genormte Fenster, Türen, Treppen u. dgl. gibt. Es muß und wird billig und wirtschaftlich gebaut werden, und dafür ist eine der ersten Voraussetzungen der Reihenbau!

Was ist aber naheliegender als die Normung auch auf den Dockbau auszudehnen und eine Reihe von Einheitsdocks zu schaffen, die nach den Gesichtspunkten der Wirtschaftlichkeit und der Zweckmäßigkeit zu entwerfen wären, passend vornehmlich für die am häufigsten vorkommenden Schiffsgewichte? — Geht man die Liste der deutschen Docks (vgl. S. 2) durch, so findet man betreffs der Hebefähigkeit reichlich 25 voneinander verschiedene Gruppen, und innerhalb dieser Gruppen würde man, falls man die Abmessungen der Docks vergleicht, kaum zwei einander gleiche Bauwerke haben, ganz zu schweigen von der Einheitlichkeit des Docktyps und der Einrichtung.

Wenn man Kohlenwagen für 20 t Ladefähigkeit baut, so hat man die Absicht, sie im Betriebe auch mit 20 t Kohlenladung zu fahren, wenn man dagegen ein 20 000 t-Dock baut, so weiß man doch von vornherein, daß man in der Mehrzahl der Fälle nicht Schiffe von der Größe eindocken wird, die genau dieser Hebefähigkeit entspricht. Das liegt in der Natur der Sache. Wenn man nun aber ohnehin nicht mit jeder Dockung wirtschaftlich das Höchste aus dem vorhandenen Dock, habe dieses nun 10 000, 12 000, 15 000 oder 20 000 t Tragkraft, herausholt, dann kann man sich bei sachgemäßer Einteilung der voraussichtlich zu dockenden Schiffe auch auf bestimmte Dockgrößen einigen, und würde dann keineswegs eine so hohe Zahl verschiedener Muster haben, wie sie beispielsweise die Liste der deutschen Docks aufweist. Auch was den Typ der Docks anbelangt, können wir zweifelsohne normen. Wenn ein Dutzend verschiedener Ausführungsmuster bisher nebeneinander bestanden haben und alle für gut und brauchbar befunden sind, so werden wir in der Lage sein, daraus bestimmte Einheitsformen auszuwählen.

Es soll nun festgestellt werden, mit wieviel Sorten hinsichtlich der Größe wir auskommen, und welche Bauformen für die verschiedenen Größen zweckmäßigerweise zur Anwendung gelangen. Das macht zunächst eine Untersuchung der Handels- und Kriegsschiffe hinsichtlich ihres Gewichtes erforderlich.

Wir betrachten die Liste der deutschen Handelsschiffe von 1914. Wenn auch heute die stattliche Flotte in alle Winde zerstreut ist, so gibt die Liste von 1914 doch immerhin ein klares Bild über die Zusammensetzung auch der anderen

Deutsche Handelsflotte 1914.

Größe in Br.-Reg.-To.	Segler		Dampfer		Gesamt	
	Zahl	Br.-Reg.-To.	Zahl	Br.-Reg.-To.	Zahl	Br.-Reg.-To.
			a) Fertige Schiffe			
100— 1 000	~250	38 000	850	325 000	1100	363 000
1 000—10 000	136	308 466	1083	3 760 158	1219	4 068 624
10 000 und mehr	—	—	38	633 176	38	633 176
	386	346 466	1971	4 718 334	2357	5 064 800
			b) Schiffe 1914 im Bau			
100— 1 000	?	?	?	?	68	25 000
1 000—10 000	3	9 150	104	530 624	107	539 774
über 10 000	—	—	11	277 800	11	277 800
	3	9 150	115	808 424	186	842 574

Handelsflotten vor dem Kriege hinsichtlich der gebräuchlichsten Schiffsgrößen, und es ist von Wert, an der Gegenüberstellung die Entwicklung zu verfolgen, die durch den Krieg und das Aufkommen der Reihenschiffe hervorgerufen ist.

Aus der hier gegebenen Zusammenstellung ist ein Schluß auf die Gewichte[1]) noch nicht möglich, auch die Listen des Germanischen Lloyd sagen uns darüber nichts. Dagegen bringen sie Zahlen betreffs des vermessenen Rauminhaltes. Eine dahingehende Zerlegung führt zu folgendem Ergebnis:

Gruppe	Fertige Schiffe 1914			Schiffe 1914 im Bau			Raumgröße in Brutto Reg.-Tons.
	Segler	Dampfer	Gesamt	Segler	Dampfer	Gesamt	
1	∾ 250	∾ 850	∾ 1100	?	?	∾ 68	100— 1 000
2 a	14	171	185	—	13	13	1 000— 1 500
2 b	41	145	186	—	7	7	1 500— 2 000
3	58	187	245	—	11	11	2 000— 3 000
4	21	144	165	3	6	9	3 000— 4 000
5	1	174	175	—	7	7	4 000— 5 000
6	1	132	133	—	14	14	5 000— 6 000
7	—	58	58	—	15	15	6 000— 7 000
8	—	34	34	—	23	23	7 000— 8 000
9	—	26	26	—	7	7	8 000— 9 000
10	—	12	12	—	1	1	9 000—10 000
11	—	10	10	—	—	—	10 000—11 000
12	—	3	3	—	—	—	11 000—12 000
13	—	6	6	—	—	—	12 000—14 000
14	—	4	4	—	1	1	14 000—16 000
15	—	10	10	—	6	6	16 000—20 000
16	—	2	2	—	1	1	20 000—25 000
17	—	3	3	—	3	3	25 000 und mehr
1—17	386	1971	2357	3	115	186	100 und mehr

Untersuchen wir nun, soweit die Unterlagen erreichbar und zuverlässig sind, eine möglichst große Zahl von Schiffen hinsichtlich ihrer Beziehung zwischen Raumgehalt einerseits und Leergewicht, Vollgewicht, Schiffslänge andererseits, so führt uns das zu dem Schaubild S. 13, Abb. 7, das als Hilfsmittel dienen soll, die in der Zusammenstellung auf S. 12 aufgeführten Schiffe nach ihren Leer- und Vollgewichten zu unterteilen.

Wenn beispielsweise die Gruppe 5 175 fertige Fahrzeuge zwischen 4000 bis 5000 Br.-Reg.-Tons umfaßt, dann wird aus dem Schaubild für das Leergewicht gefunden: 3000—4500 t, für das Vollgewicht 7800—11 800 t und schließlich für die entsprechenden Schiffslängen 103—119 m. Die Grenzen sind genügend weit, um mit großer Wahrscheinlichkeit alle vorkommenden Schiffe einzuschließen und selbst Fahrgastschiffe nicht auszulassen. Naturgemäß werden sich in nächster Nähe der Grenzen nur wenige Schiffe finden, und die Verteilung über den Zwischenraum wird anstatt gradlinig sich nach einer Wellenlinie bestimmen, die, je nachdem ob die größere Anzahl Schiffe in der Nähe der oberen oder unteren Grenze oder um den Mittelwert herum sich befindet, näherungsweise eine Trochoide oder Sinuslinie ist, Abb. 8.

[1]) Allgemein gilt: Bruttoraumgehalt = $^2/_3$—$^1/_2$ Verdrängung. Für übliche Frachtdampfer mit Poop, Brücke und Back gibt es zwischen Verdrang und Eigengewicht und zwischen Raumgehalt und Gewicht bestimmte, nur in kleinen Grenzen veränderliche Beziehungen. Vgl. die Zusammenstellung im Schiffbaukalender 1921, S. 150.

Auch eine Kurve ist denkbar, die nur an der oberen oder unteren Grenze mit wagerechter Tangente anläuft, und zwar wird dann dieses eintreten, wenn beispielsweise alle Schiffe des bei Abb. 8 gewählten Bereiches zwischen 3000

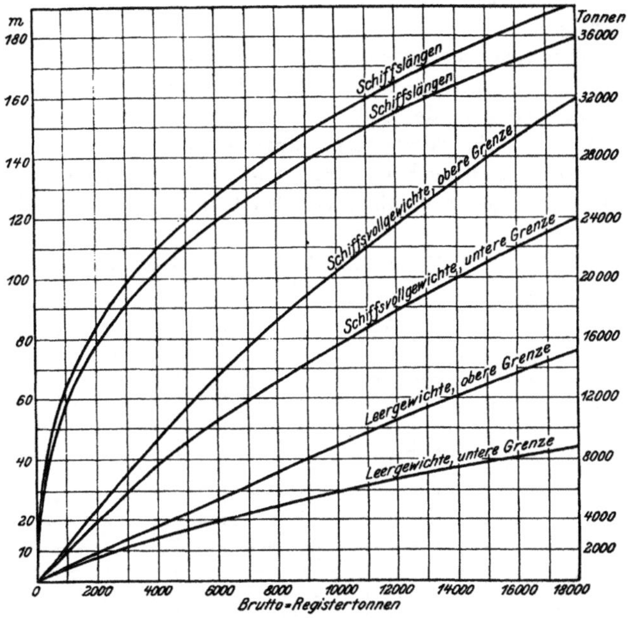

Abb. 7. Beziehung zwischen Schiffslänge und Gewicht und Schiffsraumgehalt.

und vielleicht 4200 t wiegen und sich auf diesen Bereich ungefähr gleichmäßig verteilen. Für das Abszissenteil 4200—4500 würde dann eine Zunahme nicht mehr eintreten können, und die Kurve müßte von hier ab einen gradlinig-wagerechten Verlauf nehmen.

Wenn die Anzahl der in Betracht gezogenen Schiffe nicht allzu klein ist, dann werden nach der Unterteilung bezüglich des Rauminhaltes die Fahrzeuge einer Gruppe, beispielsweise der Gruppe 5, S. 12, sich recht gleichmäßig über diesen Zwischenraum verteilen, vor allem, da dieser Zwischenraum mit 1000 Br.-Reg.-Tonnen genügend

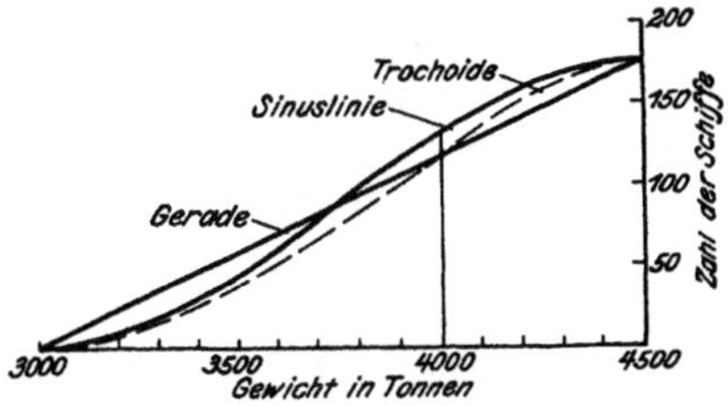

Abb. 8.

klein gewählt ist. Wir werden daher bei der Auftragung nach Gewichten (Abb. 8) in der Regel mit einer gestreckten oder gekürzten Sinuslinie, je nach der Wahl des Längen- oder Höhenmaßstabes, der Wirklichkeit am nächsten kommen. In Zweifelsfällen könnten wir nach Einsicht der Schiffsliste und gegebenenfalls Berücksichtigung der Art der betreffenden Schiffe die Sinuslinie in wagerechter

Richtung verzerren und dadurch das Schwergewicht verschieben. Aus der Abb. 8 ergibt sich zum Beispiel, wenn man die Sinuslinie wählt, die Anzahl der Schiffe mit einem Gewicht zwischen 3000 und 4000 t zu 132, und falls die Trochoidenkurve zugrunde gelegt wird, erhält man für den gleichen Zwischenraum 115 Schiffe.

Gehen wir nun dazu über, wie es Abb. 9 zeigt, in einem Achsenkreuz für die Gruppen 2—5 der Aufstellung auf S. 12 die Gewichtsverteilung vorzunehmen (zunächst unter Fortlassung der 1100 Schiffe umfassenden allzu großen Gruppe 1, die den Maßstab zu sehr verkleinern würde, sowie der zwei letzten Gruppen, deren wenige Schiffe sich auch nachher leicht berücksichtigen lassen) und addieren die Ordinaten der sich überlagernden Gewichtsverteilungslinien, so er-

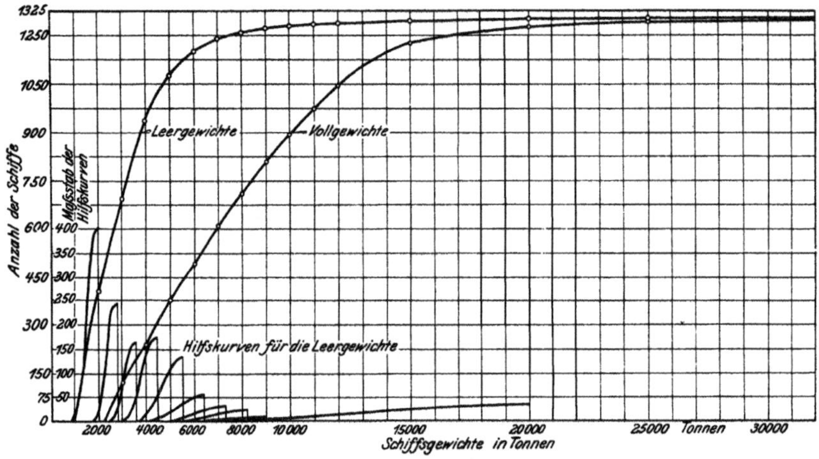

Abb. 9. Deutsche Handelsflotte 1914, fertige Schiffe.

halten wir für alle in den Betrachtungskreis gezogenen Schiffe für Leer- und Vollgewichte je eine Gesamtkurve, deren Ordinaten uns an jeder Stelle angeben, wieviel Schiffe bis zu dem betreffenden Gewicht vorhanden sind (wobei die 1100 Schiffe der Gruppe 1 zu berücksichtigen sein werden). Für eine gewünschte Gruppe selbst, beispielsweise Schiffe zwischen 3000 und 4000 t Leergewicht, läßt sich leicht die Differenz der Ordinaten bestimmen, und damit die gesuchte Anzahl der Schiffe, die in diesem Fall 240 beträgt. Weiterhin ist der Flächeninhalt zwischen der Y-Achse und den Gesamtkurven gleich dem Gesamtgewicht aller leeren oder vollen Schiffe nach Maßgabe der Ordinatenhöhen oder ihrer Differenzen. Der Flächeninhalt zwischen der Leergewichtskurve und derjenigen für die Vollgewichte gibt dann naturgemäß die Gesamtzuladung bis zur Vollverdrängung an.

Führen wir die Auswertung der Kurven durch (nach Ergänzung in Richtung der kleinen und großen Schiffe) und ziehen in einem zweiten Kurvenblatt, Abb. 10, auch noch die deutschen Schiffe, die sich 1914 in Bau befunden haben, in den Kreis der Betrachtung, so erhalten wir die Übersicht auf S. 16. Sie bestätigt durch Zahlen, was die Kurven uns schon überraschend deutlich gezeigt

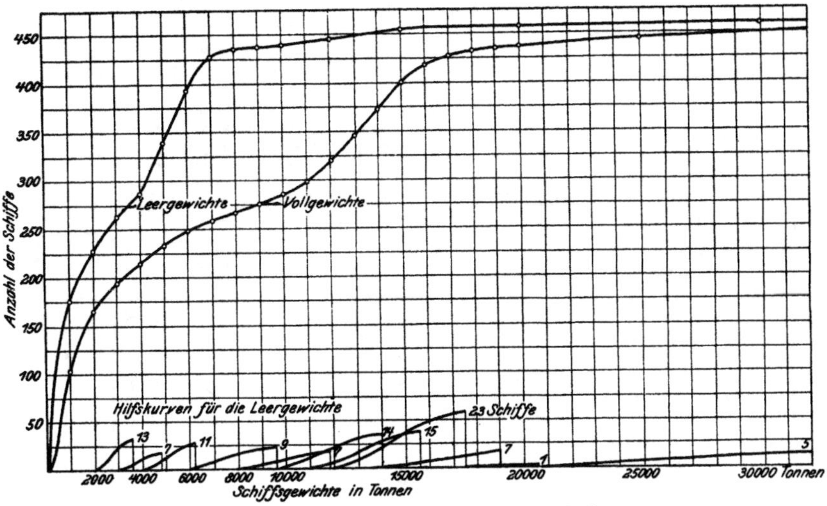

Abb. 10. Deutsche Handelsflotte 1914, Schiffe im Bau.

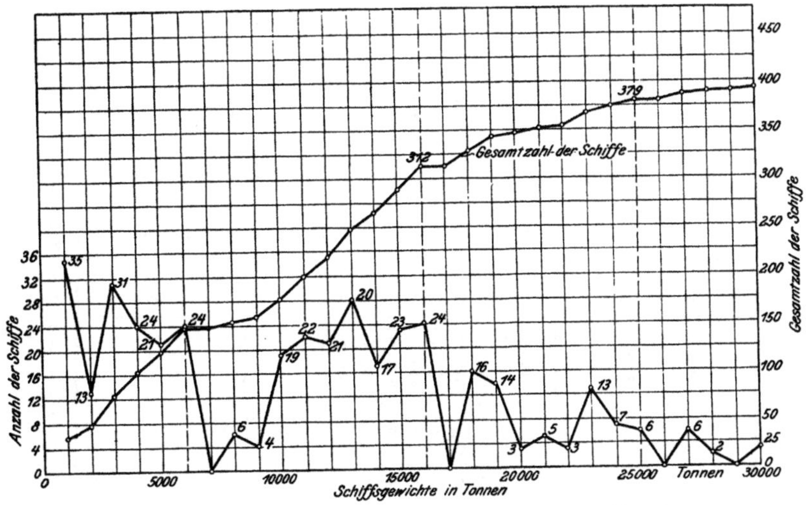

Abb. 11. Kriegsschiffe über 1000 t der vier ersten Seemächte 1914.

haben, daß nämlich ganz bestimmte Dockgrößen gebraucht werden und folgerichtig zu bauen sind, wenn Wirtschaftlichkeit vorhanden sein soll. Aus Abb. 9 ersehen wir, daß bei den Leergewichten etwa zwischen 5000—6000 t das starke

Die Deutsche Handelsflotte 1914.

Verteilungsplan nach Leer- und Vollgewichten.

Gewichts-Bereich t	Zahl der leeren Schiffe	v. H. der Gesamtzahl	Gewicht der leeren Schiffe für den Bereich t	v. H. des Gesamtgewichtes	Zahl der vollen Schiffe	v. H. der Gesamtzahl	Gewicht der vollen Schiffe für den Bereich t	v. H. des Gesamtgewichtes	Zahl der leeren Schiffe	v. H. der Gesamtzahl	Gewicht der leeren Schiffe für den Bereich t	v. H. des Gesamtgewichtes	Zahl der vollen Schiffe	v. H. der Gesamtzahl	Gewicht der vollen Schiffe für den Bereich t	v. H. des Gesamtgewichtes	Gewichts-Bereich t
100— 1 000	1107	47,00	544 000	11,70	750	31,90	334 000	3,00	70	37,63	29 300	4,40	41	22,06	24 600	1,62	100— 1 000
1 000— 2 000	400	17,00	576 500	12,40	300	12,72	427 000	3,84	21	11,29	30 900	4,63	25	13,45	36 200	2,39	1 000— 2 000
2 000— 3 000	290	12,30	722 000	15,55	172	7,30	420 000	3,77	14	7,53	34 400	5,15	11	5,91	27 000	1,78	2 000— 3 000
3 000— 4 000	240	10,20	834 000	17,95	118	5,01	412 000	3,70	9	4,84	28 000	4,20	8	4,30	28 000	1,85	3 000— 4 000
4 000— 5 000	140	5,95	600 000	12,91	140	5,95	630 000	5,65	21	11,29	95 500	14,31	8	4,30	36 000	2,38	4 000— 5 000
5 000— 6 000	75	3,12	410 500	8,85	110	4,66	605 000	5,43	22	11,82	121 000	18,15	6	3,22	33 000	2,18	5 000— 6 000
6 000— 7 000	40	1,70	218 000	4,71	120	5,10	780 000	7,00	14	7,53	90 000	13,49	4	2,15	26 000	1,72	6 000— 7 000
7 000— 8 000	20	0,85	150 000	3,23	100	4,25	750 000	6,73	3	1,62	21 900	3,28	3	1,61	22,500	1,48	7 000— 8 000
8 000— 9 000	10	0,42	84 500	1,81	100	4,25	850 000	7,62	1	0,54	8 500	1,27	4	2,15	34 000	2,24	8 000— 9 000
9 000—10 000	8	0,34	75 000	1,62	85	3,61	805 000	7,22	1	0,54	9 500	1,42	4	2,15	38 000	2,51	9 000—10 000
10 000—11 000	5	0,21			80	3,40	840 000	7,53	2	1,07	22 000	3,30	5	2,69	52 500	3,47	10 000—11 000
11 000—12 000	4	0,17			70	2,97	804 000	7,21					9	4,84	104 000	6,86	11 000—12 000
12 000—13 000	3	0,12	279 500	6,00	60	2,54	748 000	6,72					10	5,38	125 000	8,25	12 000—13 000
13 000—14 000	2	0,08			45	1,91	607 000	5,45	4	2,15	54 000	8,10	11	5,91	148 500	9,81	13 000—14 000
14 000—15 000	4	0,17			25	1,06	361 000	3,24					11	5,91	159 500	10,54	14 000—15 000
15 000—16 000	4	0,17			20	0,85	307 000	2,75	1	0,54	18 000	2,70	7	3,76	108 000	7,14	15 000—16 000
16 000—20 000	2	0,08	58 000	1,25	31	1,31	530 000	4,76					8	4,30	139 000	9,18	16 000—20 000
20 000—25 000	1	0,04			17	0,72	381 000	3,42	—	—	—	—	3	1,61	67 500	4,45	20 000—25 000
25 000—35 000	—	—			9	0,38	294 000	2,64	2	1,07	56 000	8,40	4	2,15	115 000	7,60	25 000—35 000
35 000 und mehr	2	0,08	95 000	2,02	5	0,21	258 000	2,32	1	0,54	48 000	7,20	4	2,15	190 000	12 55	35 000 u. mehr
Summe	2357	100,00	4 647 000	100,00	2357	100,00	11 143 000	100,00	186	100,00	667 000	100,00	186	100,00	1 514 300	100,00	Summe
	Fertige Schiffe								Schiffe im Bau								

Ansteigen der Kurve nachläßt, und daß von dieser Stelle ab nur noch eine geringe Zunahme stattfindet. Nur noch etwa 5 v. H. aller Schiffe der deutschen Handelsflotte von 1914 sind schwerer gewesen als 6000 t. In gleicher Weise zeigt uns die Kurve der Vollgewichte, daß etwa bei 15 000—16 000 t die starke Zunahme aufgehört hat, nur $3^1/_2$ v. H. der Schiffe haben im beladenen Zustande mehr gewogen als 15 000 t.

Zweifellos sind diese beiden Stellen für den Dockbau von größter Wichtigkeit. Sie bedeuten die Eckpfeiler, von denen wir nach oben und unten ausgehen müssen, um andere wirtschaftliche Dockgrößen herauszufinden. Dazu müssen jedoch noch weitere Untersuchungen angestellt werden. Wir schlagen die Liste der Kriegsschiffe der vier ersten Seemächte aus dem Jahre 1914 auf[1]), und da für alle Schiffe ziemlich genaue Gewichtsangaben vorliegen, lassen sie sich leicht

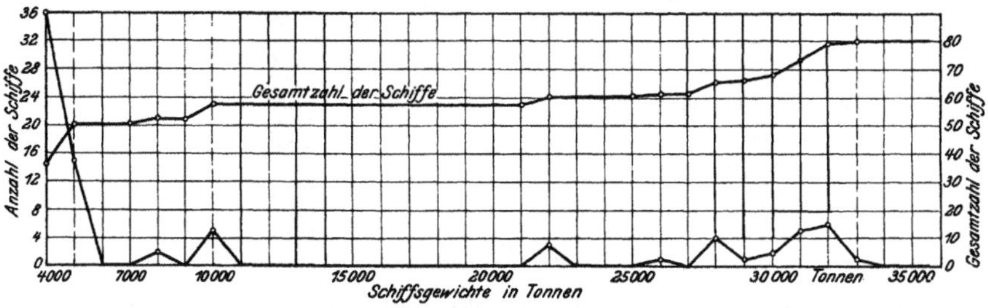

Abb. 12. Englands Kriegsschiffe über 4000 t nach 1914.

nach der Größe ordnen. Wir sehen von den Torpedobooten, die ja zum weitaus größten Teil unter 1000 t wiegen, ab und beschränken uns auf die 390 Schlachtschiffe, Kreuzer und Kanonenboote, deren Gewichte wir nach vollen Tausend Tonnen so abstufen, daß Überschüsse bis zu 250 t zum unteren, von 250 t ab zum oberen vollen Tausend gerechnet werden. Das Schaubild, S. 15, Abb. 11, ist das Ergebnis dieser Arbeit und zeigt wiederum ähnlich wie Abb. 9 und 10 die Stellen, die für die wirtschaftlichen Dockgrößen in Frage kommen.

Scharf heben sich die Stellen: 1000 t, 6000 t, 16 000 t, 25 000 t ab, die gewissermaßen Ruhepunkte in dem sonst einigermaßen stetig ansteigenden Linienzuge sind. An Hand der Abb. 12 verfolgen wir weiterhin die Entwicklung des Kriegsschiffbaues, soweit sie für unsere Betrachtungen von Belang ist. Aus der Überlegung heraus, daß England auch jetzt noch im großen ganzen ausschlaggebend für den Kriegsschiffbau anderer Länder ist, wenn auch die Vereinigten Staaten in vieler Beziehung eigene Wege gehen und besonders bezüglich der Größe ihrer Schiffe geradezu mit Riesenschritten vorwärtseilen, ist der Kriegsschiffbau nach 1914 nur soweit er England angeht berücksichtigt[2]). Deutschland kommt ohnehin nicht in Frage, weil durch den Zusammenbruch 1918 der Entwicklung der Marine ein jähes Ende bereitet worden ist. Etwa 82 Schlachtschiffe, Schlachtkreuzer und Kreuzer zwischen 45 000 und 4000 t

[1]) Marine-Taschenbuch 1914.
[2]) Werft und Reederei 1920, S. 263 u. f.

wiegend hat England während des Krieges und in der ersten Nachkriegszeit gebaut, die Zahl ist groß genug, um uns zu zeigen, wie die Entwicklung in dem nächsten Zeitraum geht.

Es sind die folgenden Schiffe:

Schiffsklasse oder Schiff	Anzahl	Kriegsmäßiges Gewicht, abgerundet
Iron Duke	4	28 000
Queen Elizabeth	5	32 000
Royal Oak	4	31 000
Ramillies	1	33 000
Agincourt	1	31 000
Erin	1	26 000
Canada	1	32 000
Tiger	1	30 000
Repulse	2	29 000
Hood	1	42—45 000
Glorious	2	22 000
Furious	1	22 000
Effingham	5	10 000
Arethusa	8	4 000
Concora, Calliope, Castor	14	4 000
Calypso	4	5 000
Cardiff	10	5 000
Birkenhead	2	6 000
Danae	11	6 000
Brisbane	2	6 000
Emerald	2	9 000
Summe	82	

Das Schaubild Abb. 12 zeigt uns deutlich die großen Stufen bei 5000, 10 000, 22 000 und 34 000 t. Vollkommen fehlen die mittleren Schiffsgrößen von 10 000 bis etwa 20 000 t, und die alten Schiffe dieses Bereiches werden aller Wahrscheinlichkeit nach aussterben, wenn nicht die kleinen Kreuzer dank ihrer unverkennbaren Entwicklung nach oben hin die Lücke zum Teil wieder ausfüllen. Ebenso scheint hinter der 35 000 t-Grenze ein großer Zwischenraum bleiben zu sollen. Der Schlachtkreuzer „Hood" ist rund 10 000 t größer als „Ramillies", der entwurfsmäßig etwa 28 500 t, in voller, reichlicher Kriegsausrüstung etwa 33 000 t verdrängt.

Auch die Nachrichten, die aus Amerika und Japan zu uns gelangen, spielen diese Entwicklung ins Riesenhafte deutlich wieder und bestätigen die Tatsache, daß man im Großkampfschiffbau den Bereich von 35 000 t bis etwa 40 000 t übersprungen hat.

Land	Schiffsname oder Klasse	Länge in m	Verdrang in t
Japan	Mutsu	201,5	34 300
Ver. Staaten . .	Tennessee	190,2	33 800
England	Hood	262,1	42 000
Ver. Staaten . .	Saratoga	266,4	43 500
„ „ . .	Indiana	208,5	43 900
„ „ . .	Lexington	266,4	44 200

Nach allem kommen in Rücksicht auf den Kriegsschiffbau die Dockgrößen von 1000 t, 3000 t, 5—6000 t, 10—11 000 t, 15—16 000 t, 25 000 t, 35 000 t und 45—50 000 t in Frage, wenn auf größtmöglichste Ausnutzung Wert gelegt wird.

Für Deutschland jedoch und für unseren deutschen Dockbau sind die Rücksichten auf den fremden Kriegsschiffbau nicht maßgebend, für uns stellen gemäß Friedensvertrag die Schiffe der Deutschland-Klasse mit etwa 14 000 t das Höchstmaß an Gewicht dar, so daß die Marine mit 15 000 t-Docks in der nächsten Zeit völlig auskommen wird. Die Entwicklung, die der Handelsschiffbau genommen hat, ist dagegen um so mehr für die Frage des Dockbaues von Belang, da wir ja bestrebt sein müssen, auch für fremde Rechnung Instandsetzungsarbeiten und Dockungen vorzunehmen, und bei der Erneuerung unseres Dockparkes schon diesem Umstande und der Entwicklung des Handelsschiffbaues Rechnung tragen können. Um auch hier einen Überblick zu gewinnen, wollen wir den deutschen Schiffbau 1914 nach den Zahlen des Germanischen Lloyd, die Stapelläufe nach Lloyd's List während eines Zeitraumes von rund 10 Monaten des Jahres 1919/1920 und den am 31. Juni 1920 nach Lloyd's List im Bau befindlichen Schiffsraum näher untersuchen. Im Bau haben sich 1914 in Deutschland gemäß Zusammenstellung auf S. 12 insgesamt 186 Seeschiffe befunden, Abb. 10 und die Übersicht S. 16 geben uns Aufschluß über Leer- und Vollgewicht und die Zahl der Schiffe von 1000 zu 1000 t. Mit großer Klarheit sehen wir, daß die Entwicklung 1914 so gewesen ist, daß außer der 6000 und 15 000 t-Stufe, die uns bereits aus Abb. 9 bekannt sind, noch die 4000 t-Stufe bei den Leergewichten, die 10 000 t-Stufe bei den Vollgewichten in Erscheinung tritt, weil eine auffallend starke Zunahme der Schiffe mit einem Leergewicht von 4000—7000 t stattfindet. Wir erkennen den Anfang der Entwicklung zum Reihen- und Gruppenschiffbau und haben auf den Einfluß bezüglich des Dockbaues unser Augenmerk zu richten.

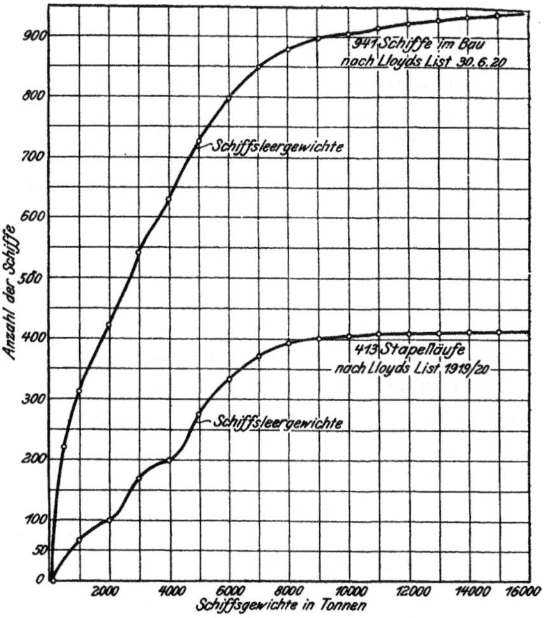

Abb. 13. Weltschiffbau 1919/20 nach Lloyds Register.

In gleiche Richtung führt uns die Betrachtung des augenblicklichen Weltschiffbaues hinsichtlich des Schiffsgewichtes, was wir mit Hilfe der Veröffentlichungen von Lloyds Register tun wollen. (Vgl. die folgende Zusammenstellung und das Schaubild, Abb. 13.)

413 Stapelläufe aus Jahr 1919/20	nach Lloyd's List: Größe in Brutto Reg. To.	941 am 31. 6. 20 im Bau befindliche Schiffe
67	100— 1 000	411
18	1 000— 2 000	98
76	2 000— 3 000	79
24	3 000— 4 000	85
17	4 000— 5 000	58
62	5 000— 6 000	87
51	6 000— 7 000	100
14	7 000— 8 000	
55	8 000— 9 000	60
	9 000—10 000	
16	10 000—11 000	9
	11 000—12 000	
7	12 000—13 000	31
	13 000—14 000	
3	14 000—15 000	
	15 000—16 000	20
1	16 000—20 000	
2	20 000—25 000	3
—	25 000 u. mehr	—
	Summe	941

Leergewicht in Tonnen	413 Stapelläufe 1919/20 nach Lloyd's List während 10 Monaten: Zahl	v. H. der Gesamtzahl	Gewicht aller Schiffe des Bereiches	941 Schiffe am 30. 6. 20 nach Lloyd's List in Bau befindlich: Zahl	v. H. der Gesamtzahl	Gewicht aller Schiffe des Bereiches
100— 1 000	67	16,22	30 000	312	33,16	118 200
1 000— 2 000	33	8,00	49 000	110	11,70	166 600
2 000— 3 000	70	16,95	175 500	120	12,75	300 000
3 000— 4 000	30	7,26	105 000	89	9,55	310 000
4 000— 5 000	75	18,17	337 500	93	9,88	418 000
5 000— 6 000	55	13,32	281 000	71	7,55	386 000
6 000— 7 000	42	10,18	273 000	53	5,63	340 000
7 000— 8 000	21	5,08	157 000	27	2,87	280 000
8 000— 9 000	9	2,18	72 500	21	2,23	178 000
9 000—10 000	3	0,72	28 500	9	0,96	85 200
10 000—11 000	3	0,72	95 000	8	0,85	455 000
11 000—12 000	2	0,48		7	0,74	
12 000—13 000	1	0,24		6	0,64	
13 000—14 000	1	0,24		5	0,53	
14 000—15 000	1	0,24		5	0,53	
15 000—16 000				5	0,53	
16 000—20 000	—	—	—	—	—	
20 000—25 000	—	—	—	—	—	
25 000 u. mehr	—	—	—	—	—	
Summe	413	100,00	1 604 000	941	100,00	3 037 000

Auf die Leergewichtskurve der von Stapel gelaufenen Fahrzeuge ist die Massenherstellung gewisser Musterschiffe von großem Einfluß gewesen. Von 2000 zu 3000 t und von 4000 zu 5000 t ist eine ruckartige Zunahme zu spüren, deren Ursache die sogenannten „Standardschiffe“ sind, die in Massenherstellung auf den Werften entstehen. Auch die Gewichtskurve der nach Lloyd's List in Bau befindlichen Schiffe redet, wenn auch nicht so laut, die gleiche Sprache.

Wir haben nach reiflicher Prüfung aller Kurven und Zahlentafeln jetzt keine Zweifel mehr, welche Dockgrößen wir in Zukunft zu bauen haben, es sind dies in erster Linie das 6000 und 15 000 t - Dock, die mit solchem Freibord zu entwerfen sein würden, daß zur Not auch Schiffe Von etwa 6500 und 16 000 t Gewicht darin trocken gestellt werden können. Was die kleineren Dockgrößen angeht, so verlangen die Rücksichten auf den Kleinschiffbau etwa das 500 und das 1000 t-Dock. Es sei hier auch an die Bedürfnisse der Flußschiffahrt erinnert, der in der kommenden Zeit von dem deutschen Schiffbauer ein erhöhte Beachtung zu zollen sein wird. Wir werden gezwungen sein, unsere binnenländischen Schiffahrtswege in weitem Maße unserer Wirtschaft nutzbar zu machen und brauchen dazu eine große Zahl kleiner Schlepper, Leichter, Schleppkähne, Dampfer, Eisbrecher. Das Gewicht aller dieser Fahrzeuge ist nur in seltenen Fällen größer als 500 t, so daß die Bereithaltung von 500 t-Docks fast allen Ansprüchen genügen wird. Auch der größte Teil aller Fischdampfer wird durch Docks dieser Größe aufgenommen werden können, doch wird es ebenso gut sein, wenn man die Fischdampfer nicht einzeln, sondern zu mehreren gleichzeitig in größeren Docks eindockt. Das ist wirtschaftlicher, auch in Rücksicht auf den Werftbetrieb. Das 1000 t-Dock wird hauptsächlich für Marinezwecke in Frage kommen, um Torpedoboote, Minenleger und sonstige Fahrzeuge zu docken, nebenher aber auch von einer sehr großen Zahl kleiner Segler und Küstenfahrer vorteilhaft benutzt werden können.

Für kleinere Handelsdampfer hat ferner das 2000 t-Dock als nächste Stufe durchaus Berechtigung, die große Zahl der 1000—2000 t-Schiffe ist hier von bestimmendem Einfluß. Zwischen dem 2000 t-Dock und dem 6500 t-Dock wird zweckmäßigerweise dann noch ein 3800 t-Dock eingeschaltet, einmal verspricht der Frachtdampfer von rund 3500 t Eigengewicht als ein beliebtes und wirtschaftliches Fahrzeug in größerer Zahl gebaut zu werden, dann aber ist auch die Zahl der Schiffe zwischen 2000 und 6000 t zu groß, um ohne Zwischenstufe auskommen zu können; für den größten Teil aller dieser Schiffe würde die Dockung in einem 6000 t-Dock eine unwirtschaftliche sein.

Anders liegt der Fall schon zwischen der 6000 t- und der 16 000 t-Stufe. Bei der deutschen Handelsflotte von 1914 sind es insgesamt nur etwa 100 Schiffe gewesen, deren Leergewicht zwischen 6500 und 15 500 t gelegen hat, für ein 10 000 t-Dock würden von diesen Schiffen etwa 75 in Frage kommen. Diese Dockgröße ist nicht lohnend, höchstens ließe sie sich verteidigen, wenn man die Vollgewichte ins Auge faßt und in Rücksicht auf die 375 Schiffe, die bei der Handelsflotte 1914 hier in Frage kommen würden, diese Zwischenstufe einschaltet.

Zweckmäßigerweise können wir bei der Frage der Dockung mit Vollgewicht hier einen Augenblick verweilen. Fast nur beschädigte oder gefährdete Schiffe werden ohne ihre Ladung gelöscht zu haben eindocken, und die Zahl dieser Fälle wird eine beschränkte sein. Die Schiffsklassifikationsgesellschaften führen über die Beschädigungen, die den in ihren Verzeichnissen enthaltenen Schiffen zustoßen, genaue Listen, und wenn wir beispielsweise die Aufzeichnungen des Germanischen Lloyd während einiger Monate hindurch verfolgen, so gewinnen wir einen Überblick über die Unfälle und damit auch über die Zahl der Fälle, in denen Schiffe mit Ladung ein Dock aufsuchen müssen.

Art der Beschädigung	März 1920		April 1920		Mai 1920		Juni 1920		Juli 1920	
	Dampfer	Segler	Dampfer	Segler	Dampfer	Segler	Dampfer	Segler	Dampfer	Segler
Infolge Strandung	78	29	93	19	50	15	48	7	57	17
Infolge Zusammenstoß	97	15	120	11	97	7	74	5	46	8
Nothafen angelaufen	29	16	41	25	15	15	17	17	11	13
Maschinenschaden	77	—	83	—	88	—	59	—	59	—
Eisschaden	1	—	4	—	2	—	2	—	2	—
Feuerschaden	24	—	42	2	43	—	30	1	31	7
Verschiedenes	25	—	26	7	38	6	17	2	13	7
Durch Kentern	1	—	—	—	—	—	1	—	1	—
Durch Sinken	3	1	—	2	—	1	—	—	4	2
Durch Sturm	22	7	25	7	13	7	15	3	8	6
Summe	357	68	434	73	341	51	263	35	232	60
Davon waren Schraubenschäden	23	—	14	—	13	—	8	—	16	—

Ist die Beschädigung geringerer Art, und kann das Schiff ohne Gefahr seinen Bestimmungsort erreichen, dann wird es naturgemäß erst nach Löschung der Ladung die Instandsetzung vornehmen und eindocken, falls es notwendig ist.

Dockung mit Ladung wird immer nötig sein, wenn Schiffe sinkend einen Hafen anlaufen, oder wenn sie auf der Reise schwere Schraubenbeschädigung erleiden, sie kann erforderlich sein, wenn Schiffe nach voraufgegangener Strandung glücklich abgeschleppt sind, wenn sie infolge gefährdeter Schwimmfähigkeit einen Nothafen anlaufen, und wenn sie infolge Zusammenstoßes vor Fortsetzung ihrer Reise erst unter der Wasserlinie besichtigt und notdürftig instand gesetzt werden müssen.

Nur in den gekennzeichneten Fällen wird ein Handelsschiff mit Ladung ins Dock gehen, aber ihnen muß im Dockbau besondere Beachtung schon deshalb geschenkt werden, weil die Beanspruchungen, die beladene Schiffe bei einem Dock hervorrufen, bedeutend höhere sind als die durch ein gleich schweres, aber unbeladenes Fahrzeug bewirkten. Das beladene Schiff ist bei gleichem Gewicht naturgemäß erheblich kürzer, bedingt dadurch ein größeres Biegemoment in der Längsrichtung und wegen des höheren Gewichtes je Längeneinheit auch eine erhöhte Beanspruchung des Docks in der Querrichtung.

Wollen wir die Reihe der Dockmuster nach oben hin weiter fortführen, so kommt hinter dem 15—16 000 t-Dock als nächstes das 25 000 t-Dock in Frage, hinter diesem das 36 000 t-Dock und als letztes endlich dasjenige mit etwa 50 000 t Hebefähigkeit. Das vor dem Kriege vielfach gebaute 40 000 t-Dock hat keine Berechtigung mehr, seit die großen Handelsschiffe mit etwa 50 000 t Eigengewicht eine größere Leistungsfähigkeit verlangen, und seit der Kriegsschiffbau den großen Sprung vom 33 000 t-Schiff auf dasjenige mit ungefähr 43 000 t vollzogen hat. Alles in allem haben wir sonach zehn verschiedene Dockgrößen herausgefunden, von denen wir fünf (bei Einschluß des 1000 t-Docks auch sechs) als die Hauptstufen bezeichnen können. Es sind dies die Docks mit 500, (1000), 2000, 6500, 16 000, 36 000 t Hebefähigkeit. Die Zwischenstufen werden gebildet durch die Größen (1000), 3800, 10 000, 25 000, 50 000 t. Durch eine Vereinheitlichung in diesem Sinne können wir allen Ansprüchen gerecht werden. Die Hebefähigkeit soll bei den angeführten Stufen als Höchstmaß aufgefaßt werden, das mit dem betreffenden Docktyp noch erreicht werden kann, das heißt wir wollen mit 100 mm Freibord bis zur Bodenkastendecke rechnen. Auch betreffs des Freibordes müssen wir zu einer Verständigung gelangen. Zwischen 800 mm und 100 mm sind bei den Entwürfen unserer deutschen Docks etwa alle Zwischenstufen zugrunde gelegt, und die Folge davon ist, daß im Betrieb des öfteren die tatsächlichen Beanspruchungen weitab von den rechnungsmäßigen gewesen sind. Denn verständlicherweise sind nicht immer nur Schiffe eingedockt worden, deren Gewicht zu dem vertragsmäßigen Freibord paßte, sondern die Hebefähigkeit ist auch wohl gelegentlich bis zur äußersten Grenze, etwa bis zum Eintauchen der Bodenkastendecke ausgenutzt worden. Ist das gehobene Schiff überdies dann noch ein kurzes und dickes, so sind alle beim Entwurf gemachten Annahmen außer Kraft, und die Zug-, Druck- und Knicksicherheit der Einzelverbandteile ist stark verringert oder gar gefährdet. Wenn den Berechnungen aber anstatt 800 mm nur ein solcher von 100 mm zugrunde gelegt wird, ist eine gefährlich wirkende Überanstrengung nicht möglich. Außerdem werden die Angaben über die Hebefähigkeit der Docks zuverlässigere und richtigere sein, wenn wir berücksichtigen, daß bei einem 40 000 t-Dock beispielsweise 700 mm Freibord mehr oder weniger etwa 7500 t Nutzlast entsprechen, um welche die 40 000 t sich erhöhen oder verringern würden. Es bedeutet auch nichts anderes, wenn ein Dockbesteller sich 800 mm Freibord ausbedingt, daß er die Absicht hat, gelegentlich auch einmal schwerere Schiffe einzudocken und sich dann mit 100—200 mm Freibord begnügt. Er arbeitet dann vom kaufmännischen Standpunkt aus billig und besitzt ein wirtschaftliches Dock, überanstrengt es aber in den meisten Fällen dann in unzulässiger Weise. Aus Zweckmäßigkeitsgründen also Einheitsdocks mit einheitlichem Freibord! Es ist ohnehin in Wirklichkeit nie der Fall, daß nur Schiffe mit dem entwurfsmäßigen Höchstgewicht zur Eindockung gelangen, wenn also infolge einer durch starken Dampferverkehr unruhigen Wasseroberfläche eine größere Austauchung erwünscht ist, wird sie in den weitaus meisten Fällen auch erzielt werden können.

Dann die Frage der Docktypen. Für die höchste Größennummer, also das 50 000-t-Dock, schlägt Verfasser die bisher bei dem 40 000-t-Dock beliebt gewesene Bauart, den Polatyp vor. Das Dock wird aus einer bestimmten Anzahl im wesentlichen gleicher Tröge zusammengesetzt, die Seitenkasten nehmen infolge guter Laschenverbindungen einen großen Teil der Längsbeanspruchungen auf. Der Forderung des Selbstdockens ist Genüge geschehen. Wir haben durch diese Bauart beim vorliegenden Dockmuster den Vorteil, daß eine Vergrößerung der Hebefähigkeit zu gegebener Zeit durch Einschalten eines neuen Troges ohne weiteres möglich ist und so auch zukünftiger weiterer Größenentwicklung Rechnung getragen werden kann. Es kommt hinzu, daß wir auch wegen des Verholens des Docks vom Lieferer zum Besteller in den meisten Fällen auf eine Zerlegung der Länge nach angewiesen sind in Rücksicht auf die Größe des Bauwerkes und die Abmessungen von Schleusen, Hafeneinfahrten und dergleichen. Ferner haben, worauf schon an früherer Stelle hingewiesen worden ist, die großen Schiffe ein bedeutend höheres Widerstandsmoment gegenüber Längsbeanspruchungen als selbst durchlaufende Seitenkasten in kräftiger Ausführung. Bei sachgemäßer Stapelung, das heißt einer genügend dicken Weichholzpackung zwischen Dockstapel und Schiff, die in gewissem Sinne einen Ausgleich in der Druckverteilung zur Folge hat, jedenfalls aber den Schiffsboden vor örtlichen Einbeulungen schützt, bestehen bei den Riesendampfern keine Bedenken, sie in einem Dock trocken zu stellen, das nur einen Teil der Längsbeanspruchungen aufnehmen kann, während ein weiterer Anteil vom Schiff selbst angezogen und der Rest durch entsprechendes Pumpen aufgehoben wird. — Im übrigen brauchen wir in Deutschland infolge des verlorenen Krieges in der nächsten Zeit kein 50 000-t-Schwimmdock, „Vaterland“, „Imperator“ und „Bismarck“ docken jetzt in Amerika und England!

Auch für die zweite Größe, das 36 000-t-Dock, ist eine Notwendigkeit zur Zeit nicht vorhanden, um so mehr als unsere Kriegsmarine von 1914, die das Hauptbedürfnis danach gehabt hätte, auf einen bescheidenen Rest zusammengeschrumpft ist und vorläufig auch nicht in die Lage kommen wird, 36 000-t-

Docks zu gebrauchen. Was die Ausführung angeht, so erscheint auch für das 36 000-t-Dock die Poladock-Bauart als die beste, wenn es wegen der Verschickungsfrage nicht angängig ist, auf ganzer Länge durchlaufende Seitenkasten anzuordnen. Doch selbst, wenn dieses möglich ist, werden wir es doch nicht vermeiden können, hinsichtlich des Pumpens ebenso wie beim Polatyp zu verfahren, um dadurch die Längsbeanspruchungen in erträglichen Grenzen zu halten. Abgesehen von der zweckentsprechenden Anordnung des Auftriebes muß bei diesen großen Docks stets noch mit einer das Biegemoment herabsetzenden, dem Gewicht entgegenwirkenden Ballastwasserverteilung gearbeitet werden. Kein durchlaufender Seitenkasten ist kräftig genug, um bei einem über der ganzen Länge des 36 000-t-Docks gleichmäßig verteilten Auftrieb und gleichmäßig verteilten Ballast- und Restwasser die Beanspruchung auszuhalten, die die Schiffslast unter solchen Verhältnissen erzeugt. Wird beispielsweise die Docklänge zu 200 m angenommen und ist das zu dockende Schiff ein Handelsdampfer von 180 m Länge und 21 m Breite mit einem Vollgewicht von 36 000 t (etwa „Präsident Lincoln"), so ergibt sich das größte Biegemoment zu rund 170 000 mt unter der Voraussetzung, daß der Docktiefgang auf der ganzen Länge gleich sei bei einer Gesamtverdrängung von etwa $D = 54\,000$ t, daß ferner das Restwasser im Innern des Docks gleichmäßig hoch stehe, und daß schließlich die Schiffslast über der Länge von 180 m nach der von Professor Biles empfohlenen Formel sich verteile.

Die beigegebene Abb. 14 gibt die Verhältnisse entsprechend wieder. P = Schiffslast $= P_1 + P_2 + P_3 = 11\,170 + 14\,160 + 10\,670$ t, G = Dockgewicht + Restwasser = 18 000 t.

Auftrieb oder Gewicht	Hebel in m	Moment in Dockmitte	Bemerkungen
$^1/_2$ D = —27 000 t	50,00	— 1 350 000 mt	linke Hälfte.
P_1 = +11 170 „	43,70	+ 487 000 „	
P_2 = + 6 815 „	85,55	+ 583 000 „	
$^1/_2$ G = + 9 000 „	50,00	+ 450 000 „	
$^1/_2$ D = —27 000 „	50i00	— 1 350 000 mt	rechte Hälfte.
P_3 = +10 670 „	42,20	+ 450 000 „	
P_2 = + 7345 „	84,45	+ 620 000 „	
$^1/_2$ G = + 9 000 „	50,00	+ 450 000 „	
	Gesamtmoment:	+ 170 000 m t	

Das Biegemoment für einen Seitenkasten würde demnach 85 000 mt betragen. Bei einer größten Zug- oder Druckbeanspruchung $\sigma = 1000$ kg/qcm wird ein Widerstandsmoment $W = \frac{M}{1000} = 8{,}5\ \mathrm{m}^3$ erforderlich oder bei rund 14 m Trägerhöhe ein Trägheitsmoment von etwa $J = {}^1/_2 \cdot 14 \cdot W = 59{,}5\ \mathrm{m}^4$. Wegen der notwendigen Beschränkung, die wir uns hinsichtlich des Werkstoffverbrauches wegen der Rücksichten auf Dockgewicht und Wirtschaftlichkeit auferlegen müssen, werden wir einen solchen Träger nicht herstellen können.

Bei den nun folgenden Einheitsdocks mit 25 000, 16 000, 10 000 t Hebefähigkeit ist die Anwendung des Polatyps nicht mehr begründet, durchlaufende

Seitenkasten ohne schwache Verbindungsstellen haben volle Berechtigung. Wird dem Rechnung getragen, so kommen für Einheitskonstruktionen der Havanna-Typ und der Rennie-Typ in Frage (vgl. S. 7—10). Beide Arten bestehen aus einer Anzahl Bodenschwimmkästen, die entweder zwischen oder unter durchlaufenden Seitenkasten befestigt werden und zum Zwecke des Selbstdockens sich lösen lassen. Beim Havanna-Typ sind es in der Regel drei, von denen der mittlere eine größere Länge besitzt. Beim Rennie-Typ richtet sich die Zahl der Bodenschwimmkästen nach der lichten Breite des Docks, da bei Selbstdockung die Schwimmer, nachdem sie von den Seitenkasten gelöst und hervorgeholt worden sind, um 90° gedreht eingedockt werden. Die lichte Breite des Docks ist dann für die Längenabmessung der Pontons bestimmend. Der Havanna-Typ hat zwar dank der weit hinunter reichenden Seitenkasten eine gute Längsfestigkeit, aber die Befestigung der Bodenschwimmer zwischen den

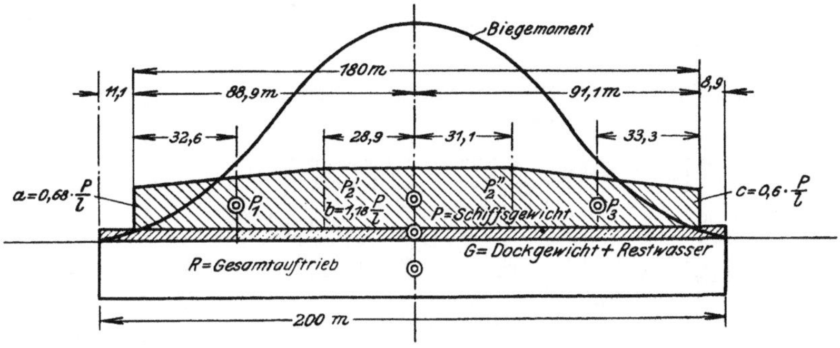

Abb. 14.
Biegebeanspruchung eines 36 000-t-Docks bei unveränderlichem Docktiefgang und gleichmäßiger Restwasserverteilung.

Seitenkasten kann kaum derartig durchgeführt werden, daß die Beanspruchungen sich möglichst gleichmäßig allen Verbandsteilen mitteilen und weitergeleitet werden. Weil ferner die Befestigungsstelle der Bodenschwimmer seitlich heraus aus der Schwerebene und damit der Auftriebsrichtung der Seitenkästen liegt, und zwischen den kräftigen Schwimmern und den hohen Seitenkästen immer ein weniger starkes Glied darstellt, haben bei Belastung durch das eingedockte Schiff die Seitenkästen des Havanna-Typs mehr als bei anderen Docks das Bestreben, sich nach innen zu neigen. Da die Belastung durch die Schiffslast unter gewöhnlichen Verhältnissen von den Dockenden nach der Mitte hin zunimmt, und die Auswirkung der Querverbände auf die Seitenkästen daher verschieden groß ist, kommt hinzu, daß sich diese auch kräftiger in bezug auf ihre Längsachse krümmen, was auf die Gesamtlängsfestigkeit nachteilig wirken muß.

Diese Tatsachen sind nun allerdings nicht von der Bedeutung, wie es auf den ersten Blick scheinen mag. Wenn nur das Trägheitsmoment der Schwimmkastenbefestigung nicht allzu sehr abweicht von dem des tragenden Spantwerkes für den Bereich der Befestigung, so wird die tatsächliche Durchbiegung dadurch wenig beeinflußt. Gelingt es, die Summe der Trägheitsmomente aller

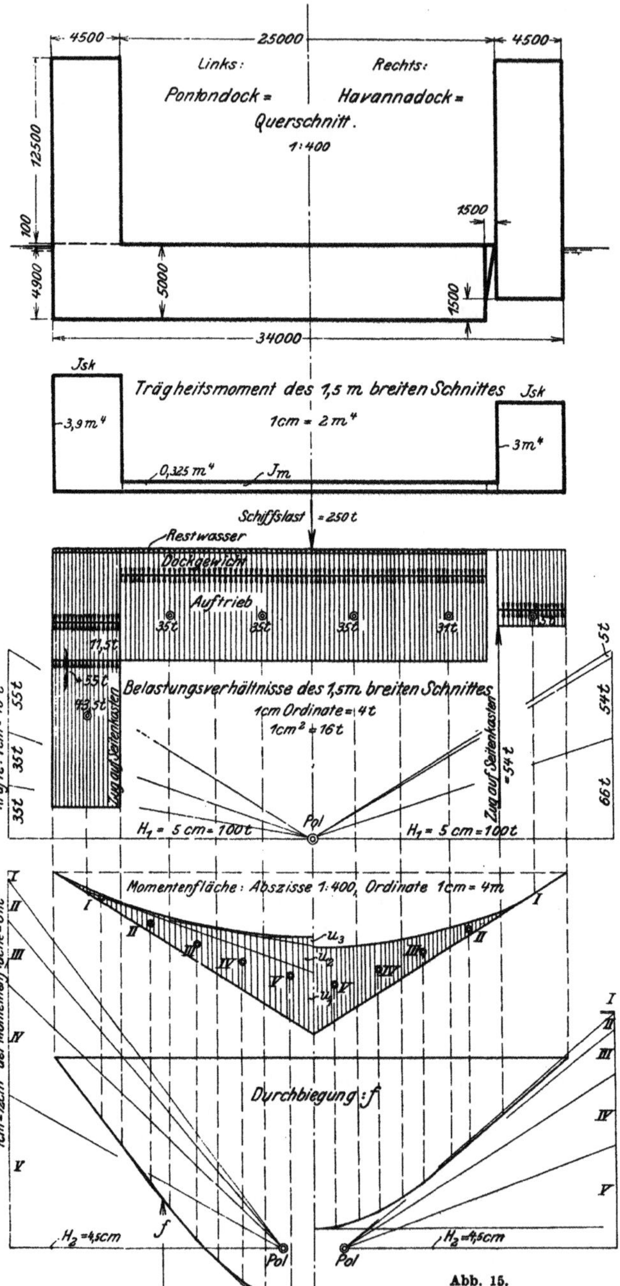

Abb. 15.
Querdurchbiegung des 16000-t-Docks.

Bestimmung der Durchbiegung f.

Moment.

Moment $M = H_1 \cdot u$, Horizontalzug $H_1 = 5$ cm $= 100$ t, u ist das durch die Seilstrahlen auf den Ordinaten der Momentenfläche jeweilig abgetrennte Stück 1 cm = 4 m.

Durchbiegung f.

Momentenfläche wird als Belastungsfläche betrachtet. Die Stücke I sind infolge Verwandlung nach J_m vernachlässigbar. ε = Maßstab der Momentenfläche = 1 : 160000, η = Verzerrungsverhältnis der Durchbiegungslinie = 1 : 1000 Horizontalzug $H_2 = 4{,}5 \text{ cm} = \frac{E \cdot J}{\eta \cdot \varepsilon \cdot H_1}$, Maßstab für die Durchbiegung f : 1 cm = 4 mm.

Befestigungsvorrichtungen eines Bodenschwimmers gleich derjenigen der Tragspanten zu machen und die Kräfte unter Vermeidung von ungünstiger örtlicher Einwirkung gut auf den Seitenkasten zu übertragen, so erhalten wir sogar gegenüber dem Rennie-Typ beim Havanna-Dock eine etwas geringere Durchbiegung in der Querrichtung, weil einmal der Auftrieb der Seitenkasten wegen ihrer geringeren Unterwassertiefe kleiner ist, dann aber auch, weil die Lasten, die aus dem Unterschied zwischen Schiffs- und Dockgewicht einerseits und Dockverdrängung andererseits hervorgehen, an den Innenseiten der Seitenkasten, also näher der Dockmitte, angreifen und infolgedessen ein kleineres Biegemoment bewirken als beim Rennie-Dock. Der Fall, daß das Trägheitsmoment der Pontonaufhängung gleich dem der Pontontragspanten wird, ist der beigefügten Zeichnung, Abb. 15, zugrunde gelegt, in der die Durchbiegungsverhältnisse für einen Tragspant eines 15 000—16 000-t-Docks sowohl des Havanna-Typs wie der Rennie-Bauart untersucht sind unter Berücksichtigung des durch die starre Verbindung mit den Seitenkästen hervorgerufenen Wechsels im Trägheitsmoment des Querschnittes. Die Spantentfernung sei bei beiden Docks 750 mm, jeder zweite Spant sei tragend und als Gitterbalken ausgebildet, zur Betrachtung wird mithin ein Doppelquerschnitt von 1,5 m Breite herangezogen. Beim Havanna-Typ mögen die Seitenkästen auch alle 1,5 m mit den Bodenschwimmkästen verbunden sein, so daß immer ein Gitterspant die Beanspruchungen weiterleitet. Das Trägheitsmoment des 1,5 m breiten Schnittes betrage im Bodenschwimmer schätzungsweise etwa 0,325 m^4 bei beiden Dockarten, für den Seitenkasten werde es beim Havanna-Typ 3,00 m^4, beim Rennie-Typ wegen der geringeren Höhe der aufgesetzten Kasten etwa 2,00 m^4. Denken wir uns aber die Seitenkasten mit den darunter befindlichen Bodenkästen in starrer Verbindung, was in Wirklichkeit zwar nicht völlig zutrifft, so ergibt sich für den Rennie-Dockquerschnitt von 1,5 m Breite seitlich ein Trägheitsmoment von etwa 3,90 m^4. Die Aufhängevorrichtung des Bodenkastens soll bei dem Havanna-Typ hinsichtlich des Trägheitsmomentes dem Gitterspant als gleichwertig angesehen werden. Die Schiffslast sei in dem betrachteten Querschnitt bei beiden Docks gleich und betrage für das 1,5 m breite Stück 250 t. Die Verdrängung wird unter der Annahme von 100 mm Freibord beim Rennie-Dock gleich 250 t je 1,5 m, beim Havanna-Dock gleich 219 t je 1,5 m, wobei bei letzterem etwa 46 t auf die beiden nicht ganz bis zur Docksohle reichenden Seitenkasten und 173 t auf den Bodenschwimmer entfallen. Ein Teil des Auftriebes wird durch das Eigengewicht des Docks aufgetilgt, das was an Schiffslast etwa überschießt, muß von den Seitenkasten aufgenommen werden und erzeugt in diesen die Längsbeanspruchungen. Betreffs des Dockgewichtes liegen die Verhältnisse etwa so, daß beim Rennie-Dock etwa 77 t, beim Havanna-Dock etwa 70 t für den 1,5 m breiten Querschnitt in Rechnung zu stellen sind. Die Verteilung auf Seitenkasten und Bodenschwimmer ergibt sich aus der Zeichnung. Betreffs der Tragfähigkeit wird das Havanna-Dock etwas ungünstiger sein bei sonst gleichen Abmessungen wie beim Rennie-Dock, dafür ist es etwas leichter. Das Ergebnis der graphischen Berechnung ist, daß unter den gewählten Verhältnissen das Biegemoment in der Mitte eines Tragspantes beim Rennie-Dock 1250 mt und beim Havanna-Dock 1135 mt wird, und daß sich eine größte Durchbiegung im ersten Fall von etwa 16 mm, im zweiten Fall von etwa 11 mm ergibt. Alles in allem besitzt das Havanna-Dock gegenüber dem Rennie-Dock keine wesentlichen Vorteile. Vielleicht könnten wir noch bei dem 25 000-t-Typ die Havanna-Bauart vertreten, weil die erforderliche Längsfestigkeit in den höheren Seitenkästen bequemer untergebracht werden kann. Besonders bei Schiffen mit verhältnismäßig geringem Tiefgang, beispielsweise den Kriegsschiffen, wird das zu erwägen sein, weil wir dadurch an Gesamtdockhöhe sparen können. Das gleiche gilt dann naturgemäß für die kleineren Sorten, die Docks von 16 000 und 10 000 t Hebefähigkeit. Im allgemeinen entspricht bei diesen Größen aber der Rennie-Typ allen Anforderungen, die man billigerweise an eine Normalkonstruktion stellen kann. Die Bodenschwimmkästen sind bis auf diejenigen an den Dockenden gewöhnlich von gleichen Abmessungen, ihre Herstellung ist infolgedessen billig und kurzfristig. Auch die Schwimmer an den Dockenden mit ihrer geringeren Höhe können in ihren übrigen Abmessungen genau den mittleren entsprechen und auch in bezug auf die Schotteinteilung, die Art des Fachwerkes, die Nietteilung, wie überhaupt in ihrer ganzen Anlage den mittleren gleichen. Die Seitenkasten durchlaufen in ihrem festen, ununterbrochenen Gefüge die ganze Länge des Docks, ihre Beplattung ist vollkommen gleichmäßig, die Kosten für Löhne und Werkstoffbearbeitung sind daher so gering wie möglich. Rücksichten auf die Längsfestigkeit zwingen uns nicht, den Rennie-Typ zugunsten der Dewey-Bauart oder des Havanna-Docks zu verwerfen, abgesehen davon, daß wir die Dewey-Bauart, die drei voneinander verschiedene Schwimmkörper bedingt und in den Endstücken besondere Maschinenanlagen, zumindest besondere Kraftübertragungsleitungen dorthin, erfordert, keineswegs als Normalkonstruktion ansehen können.

Die fünf kleinen Einheitsdocks von 500, 1000, 2000, 3800 und 6500 t Hebefähigkeit bereiten betreffs der Wahl des Typs keine Schwierigkeiten. Die Forderung des Selbstdockens braucht nicht mehr gestellt zu werden, da alle fünf Dockgrößen in vorhandenen Trockendocks oder in einem der größeren Schwimmdocks trocken gesetzt werden können. Sie werden also folgerichtig als ein zusammenhängendes ganzes Bauwerk von U-förmigem Querschnitt entworfen, in etwa halbfertigem Zustand vom Stapel gelassen und durch Aufbau der Seitenkästen im Baubecken vollendet. Ob Seitenkasten und Bodenwerk mit voller Beplattung zu versehen sind oder zum Teil im Fachwerk hergestellt werden können, hängt von den besonderen Bedingungen ab und möge an späterer Stelle untersucht werden. Auch die Frage, ob ein oder das andere dieser kleinen Einheitsdocks zweckmäßig als Hebedock ausgebildet wird, das die Möglichkeit gibt, Schiffe auf einem Ponton ruhend zu heben, bis das belastete Ponton aufschwimmt und verfahren werden kann, würde noch zu untersuchen sein. Zusammenfassend können wir feststellen, daß für die Einheitsdocks von 50 000 und 36 000 t Hebefähigkeit der Pola-Typ als brauchbar erkannt ist, daß für die Gruppe der Docks von 25 000, 16 000, 10 000 t der Rennie-Typ (unter gewissen Bedingungen der

Havanna-Typ) als der geeignete gewählt wird, und daß die kleinen Dockmuster zusammenhängend — ohne die Möglichkeit des Selbstdockens — mit U-förmigem Querschnitt entworfen werden. Alle drei Bauausführungen können wir als „Normalkonstruktionen" ansprechen, um so mehr, als sie noch eine weitgehende Vereinheitlichung aller möglichen Einzelteile zulassen.

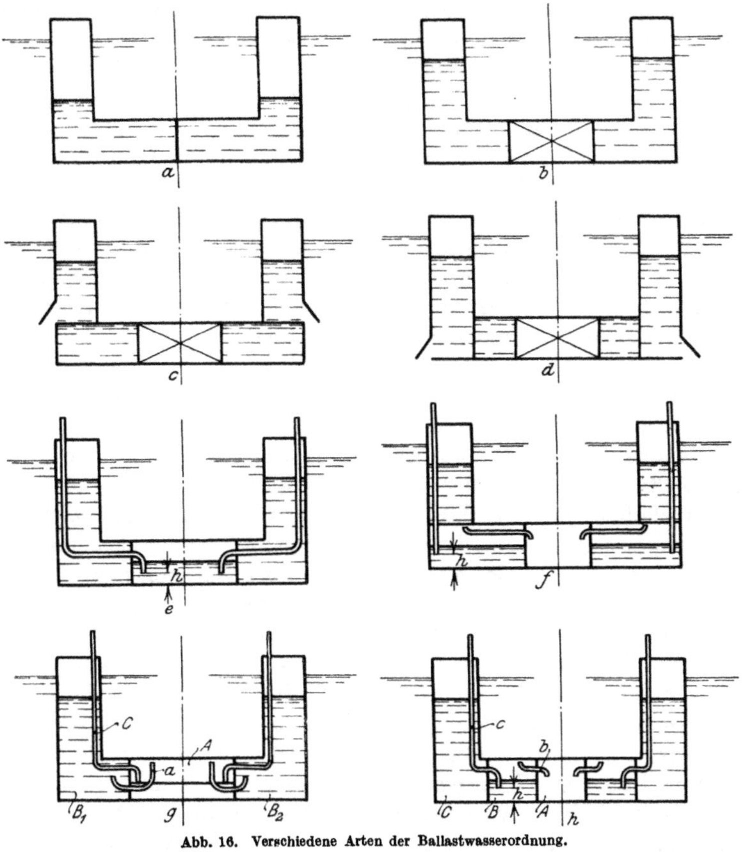

Abb. 16. Verschiedene Arten der Ballastwasserordnung.

Sie gewährleisten dann eine billige Herstellung infolge geringster Arbeitslöhne und wegen weitgehendster Normung eine billige Werkstoffbearbeitung.

Nachdem wir so für die Einheitsdocks die Typfrage erledigt und das einfachste am zweckmäßigsten befunden haben, können wir nun dazu übergehen, Hauptabmessungen für die Docks festzulegen und zu diesem Zweck die Bedingungen untersuchen, die an jede der Dockgrößen zu stellen sein werden. Da jedoch, was die Art und Weise der Anordnung des Ballastwassers und dessen Entleerung angeht, eine Anzahl verschiedener Wege beschritten werden kann, ist es notwendig, bei dieser Frage einen Augenblick zu verweilen, um auch in dieser Beziehung vielleicht zu gewissen Einheitsformen zu kommen, welche möglichst viele Vorteile hinsichtlich der Wirtschaftlichkeit, der Bequemlichkeit, der Festigkeit, der Stabilität und der Sachlichkeit in sich vereinigen[1]). Von der einfachsten Art ausgehend, bei der nur das Mittellängsschott den U-förmigen Dockquerschnitt der Breite nach unterteilt und damit die allernotwendigsten Voraussetzungen für die erforderliche Stabilität des Bauwerkes in geflutetem Zustande schafft, Abb. 16a, gelangt Asmussen (D. R. P. 141 499), Dieckhoff (D. R. P. 150 572) und Flamm-Romberg (D. R. P. 188 826) zu den Ausführungsformen, wie sie in Abb. 16b—d angedeutet sind. Bei der Ausführungsart nach 16a, gewöhnliches U-Dock, werden alle Bodenräume zur Unterbringung des Ballastwassers benutzt, der Systemschwerpunkt kommt dadurch in die denkbar niedrigste Lage und die Förderhöhe für das Füllwasser wird die größtmöglichste. Bei dem U-Dock nach Patent Asmussen, Abb. 16b, ist ein Luftraum im Dockboden angeordnet. Das Ballastwasser steigt in den Seitenkästen dadurch höher, der Schwerpunkt der zu fördernden Wassermenge rückt nach oben, die Pumparbeit verringert sich. Nebenher geht eine Zunahme an Stabilität wegen der Dreiteilung des Bodenschwimmkastens. Der Nachteil der Ballastwasserteilung nach Asmussen ist der, daß bei der tiefsten Versenkung des Docks die Beanspruchungen des Bodens infolge des erhöhten Wasserdruckes recht erheblich werden können. Das Patent Dickhoff und auch die verbesserte Konstruktion Flamm-Romberg, Abb. 16c—d, verbinden mit diesem Nachteil noch den der geringeren Stabilität infolge der durch den Selbstauslauf der Seitenkasten bedingten Ausflußöffnungen[2]). Von beiden ist das Dieckhoff-Dock in dieser Hinsicht das ungünstigere wegen der unter den Seitenkasten durchgeführten Decke der Bodenschwimmer und der Anbringung der Ausflußöffnungen an dem unteren Teil der Seitenkasten an einer Stelle, an der beim Hebevorgang die Dockstabilität ihren kleinsten Wert erreicht. Wegen der durchgeführten Decke ergeben sich beim Heben des Docks zwei übereinanderstehende freie Wasserspiegel, im Bodenkasten und in den Seitenwällen, was die Stabilität ebenfalls nach der ungünstigen Seite hin beeinflußt. Beim Flamm-Romberg-Dock sind die Ausflußöffnungen für die selbsttätige Entleerung zwar in die Nähe des Bodens gelegt, und zwei übereinanderliegende Wasserspiegel sind vermieden, aber die Gefährdung der Stabilität eben durch die selbsttätigen Ausflußöffnungen ist dennoch vorhanden. Dadurch, daß das Ballastwasser in den Seitenkasten infolge der Öffnungen unmittelbar mit dem Außenwasser in Verbindung steht, liegt der Fall hier so, wie bei einem lecken Schiff. Nur bei der Anwendung genügend kleiner Austrittsöffnungen wird von einer ausreichenden Sicherheit gesprochen werden können, eine Stabilitätsverminderung tritt aber auch in diesem Fall ein und bedeutet für den Dockbetrieb eine Gefährdung. Wenn es streng genommen schon bei einem gewöhnlichen Dock nicht zulässig ist, das Füllwasser, das ja mittels zahlreicher Ausflußöffnungen mit dem Außenwasser in Verbindung steht, lediglich als flüssige Ladung aufzufassen, so darf keinesfalls bei den Docks

[1]) Der Schiffbau, IX, S. 361. Der Eisenbau, Jahrg. X, Heft 11.
[2]) Schiffbau, Jahrg. VII, S. 823/825 und 862/865.

mit selbsttätigen Ausflußöffnungen diese Annahme gemacht und nur der stabilitätsmindernde Einfluß der Oberfläche einer eingeschlossenen, frei beweglichen Wassermenge in Rechnung gesetzt werden. Dietzius berechnet in seiner Untersuchung über die Einwirkung der Ausflußöffnungen verschiedener Schwimmdocksysteme[1]), daß der stabilitätsmindernde Einfluß bei einem Dieckhoff-Dock etwa viermal so groß ist, wie bei einem gewöhnlichen Dock mit Mittelschott und beiderseits je einem Längsschott, und daß er dreimal so groß ist wie bei einem Asmussen-Dock. Die Ausführungsart Flamm-Romberg stellt sich etwas günstiger als das Dieckhoff-Dock. Nun kann man zwar während des gefährlichen Hebeabschnittes durch geeignete Vorrichtungen die selbststätigen Ausflußöffnungen schließen, dadurch büßen sie jedoch einen Teil ihres Daseinszweckes ein. Die Verringerung der Hebekosten infolge Arbeitsersparnis, zu deren Gunsten ein Teil der Stabilität bei diesen Docks mit selbsttätigem Wasserausfluß geopfert wird, ist übrigens recht geringfügig, wenn man sich vergegenwärtigt, was überhaupt das Heben eines Schiffes kostet und wie verschwindend klein diese Summe gegenüber den anderen Unkosten ist, die beispielsweise durch die Instandsetzungsarbeiten an dem gedockten Schiff, durch den Mietzins für die Dockbenutzung usw. entstehen.

Bei den in den Abb. 16e—g angedeuteten Anordnungen, Abb. e: Mehlhorn-v. Klitzing (D. R. P. 167 735), Abb. f: v. Klitzing-Mehlhorn (D. R. P. 169 703), Abb. g: Asmussen-Mehlhorn-v. Klitzing (D. R. P. 215 845) können wir feststellen, daß sie durch geeignete Anbringung von Luftverdichtungsräumen die Drücke auf die Wandungen des Docks bei der Tiefenstellung herabmindern, dadurch eine Werkstoffersparnis herbeiführen und nebenher eine Verringerung der Pumparbeit anstreben. Den Gedanken haben bereits Clark and Standfield in den siebziger Jahren ausgesprochen und in vollkommener Weise ausgewertet. Einzelheiten über diese Anordnungen geben die Patentschriften, eine gute Zusammenstellung findet sich auch in der schon mehrfach erwähnten Arbeit von Karner „Schwimmdocks und ähnliche Eisenwasserbauten“ in der Zeitschrift „Der Eisenbau“, Jahrg. X. Hier mag im besonderen betont werden, daß das Patent 169 703 eine sehr brauchbare Ausführungsart darstellt, und zwar in um so höherem Maße, je größer das Dock ist, für welches die Ballastwasserverteilung danach eingerichtet werden soll. Während beispielsweise in dem Dockquerschnitt Abb. 16f noch zwei Wasserspiegel übereinander vorhanden sind und einschränkenden Einfluß auf die Stabilität ausüben, liegt die Sache bei einem größeren Dock, Abb. 16h, zweifelsohne wesentlich günstiger. Durch Einfügung eines zweiten Längsschottes auf jeder Seite sind wir in der Lage, die übereinanderliegenden Wasseroberflächen zu beseitigen, ohne den Grundgedanken der v. Klitzing-Mehlhornschen Anordnung zu entkräften. Beim Versenken strömt, was die Räume B angeht, so lange Luft aus dem Rohr c, bis das Wasser den Stand h erreicht hat und das Rohr c auf diese Weise schließt. Von diesem Zeitpunkt ab findet eine Verdichtung der Luft in den Räumen B und infolge der Rohrverbindung b auch im Raume A statt. Der Innendruck entspricht dann

[1]) Schiffbau, Jahrg. VII, S. 862/865.

bei versenktem Dock dem Druck des Außenwassers, und gegenüber der Anordnung Abb. 16e ist der Vorteil zu verzeichnen, daß der mittlere Raum *A* niemals geflutet zu werden braucht. Bei dem Patent D. R. P. 215 845, Abb. 16g, fällt dieser Vorteil zwar weg, aber durch den mittels des gebogenen Rohres *a* im Verein mit den Rohren *c* hergestellten Druckausgleich wird auch diese Anordnung in hohem Maße brauchbar.

Die Zahl der Ausführungsarten, die sich mit der Frage Pumparbeitsverminderung und der Betriebsverbilligung befassen, ist damit noch keineswegs erschöpft, aber im allgemeinen ist es schwer zu sagen, ob ihre Vorteile die Nachteile noch überwiegen, und diese Frage wird, wie auch Karner betont, sich nur mit einiger Sicherheit entscheiden lassen, wenn bei gegebener Tragfähigkeit die erzielte Längsfestigkeit und die Querstabilität die Vergleichsgrundlage bildet, ebenso, wie nicht übersehen werden darf, daß die Patentablösungsgebühren bei den Dockbeschaffungskosten in vielen Fällen eine große Rolle spielen.

Es ist daher kaum möglich und würde auch die Grenzen der Arbeit überschreiten, für die Einheitsdocks bestimmte Arten der beschriebenen Ausführungsformen festzulegen. Hauptgesichtspunkt muß immer der der Billigkeit bei größtmöglichster Sicherheit, Festigkeit und guter Stabilität sein.

Wir gelangen jetzt zur Festlegung der hauptsächlichsten Abmessungen für die einzelnen Sorten der Einheitsdocks und müssen zunächst einmal feststellen[1]), daß die Grundsätze, nach denen Schwimmdocks entworfen und berechnet werden, in hohem Maße von den Ansichten des Entwerfenden abhängen und der Erörterung und Kritik weiten Spielraum lassen. Veröffentlichungen, die wertvolle Unterlagen bieten, sind recht spärlich, was sich mit der alten Gepflogenheit deckt, nur ja alle Erfahrungen für sich zu behalten, vor allem keine oder nur ungenaue Gewichtsangaben zu machen, die zweifelsohne zu den wichtigsten Entwurfsunterlagen gehören. Bei dem scharfen Wettbewerb, wie er vor dem Kriege auf fast allen Gebieten vorherrschend gewesen, war das auch durchaus verständlich, aber wir werden davon abkommen müssen, wenigstens soweit unser engeres Vaterland in Frage kommt. Wir haben keine Veranlassung, durch Preisabgabe der mit deutschem Gelde, deutschem Fleiß gemachten Erfahrungen dem Auslande goldene Brücken zu bauen, aber wir haben sehr wohl Veranlassung, uns in unserer eigenen Wirtschaft gegenseitig zu helfen und zu fördern aus der Erkenntnis heraus, daß uns gegen die Menge der Feinde, die unseren Untergang wollen, nur der Zusammenschluß stark macht und fähig, den Vernichtungsabsichten von vornherein die Stoßkraft zu nehmen. Das möge jeder Ingenieur in Deutschland erkennen und in die Tat umsetzen. Nicht gegeneinander, sondern miteinander müssen wir arbeiten, im Schiffbau ganz besonders!

In der folgenden Zusammenstellung sind Angaben aus den Fachzeitschriften, soweit sie die Dockabmessungen angehen, geordnet, wobei besonders Wert darauf gelegt ist, möglichst auch über ausländische Dockbauten Angaben hineinzubringen. Einen Anspruch auf Vollständigkeit und strenge Genauigkeit will und kann diese Übersicht nicht machen, da beispielsweise die Längenangaben,

[1]) Wiking, „Der Bau von Schwimmdocks", Jahrb. d. schiffbt. Gesellschaft 1905.

die in den Veröffentlichungen gebracht werden, oft Zweifel darüber lassen, ob angebaute Plattformen und Zuschärfungen einbezogen sind oder nicht. Ebenso verhält es sich mit den Angaben bezüglich der Tragfähigkeit, bei der in den meisten Fällen das Maß des Freibordes gar nicht oder ungenau angegeben ist. Auf diesen Übelstand ist bereits an früherer Stelle, S. 22, hingewiesen worden und dort als Einheitsfreibord 100 mm vorgeschlagen.

Immerhin sind die Angaben geeignet, uns eine Vorstellung zu geben, in welchem Verhältnis Docklänge und Breite zu den entsprechenden Abmessungen der

Liste ausgeführter Docks.

Lfd. Nr.	Bestimmt für	Erbauer und Jahr der Fertigstellung	Tragfähigkeit in t ∼	L über alles in m	B außen in m	B licht in m	größtzulässiger Schiffstiefgang	Bemerkung
1	Ententeregierung	Clark & Standfield, 1920	50 000	218,0	?	44,5	∼ 12,0	
2	Hamburg	Blohm & Voß, ?	46 000	222,5	?	40,2	∼ 11,0	
3	Deutsche Marine	Howaldwerke, 1911	40 000	200,0	56,0	45,0	∼ 10,5	
4	Deutsche Marine	Blohm & Voß, 1914	40 000	214,2	56,0	45,0	∼ 11,0	
5	Österr. Marine	Blohm & Voß, 1914	40 000	211,8	51,2	40,2	∼ 12,0	
6	Tsingtau	Gutehoffnungsh., —	36 000	205,9	49,0	40,0	∼ 10,5	Vollendung durch Krieg gestört
7	Hamburg	Blohm & Voß, ?	35 000	222,0	?	37,6	∼ 11,0	
8	Hamburg	Vulkan, Stettin, 1911	35 000	221,0	?	33,2	∼ 10,0	
9	Sheerness	Swan, Hunter 1910	35 000	207,5	?	34,5	∼ 11,0	
10	Portsmouth	Cammel, Laird & Co., 1910	35 000	207,5	?	34,5	11,0	
11	Pola	Staatsarsenal Pola 1911	32 500	178,5	?	34,0	11,3	
12	Montreal	Vickers, ?	27 500	182,9	?	41,1	?	
13	Hamburg	Vulkan, Stettin, 1912	27 000	175,3	?	33,2	10,0	
14	Österr. Marine	? 1912	22 500	164,0	42,7	29/36,0	∼ 10,5	
15	Rio de Janeiro	Vickers, 1910	22 000	168,0	?	30,5	∼ 9,0	
16	Hamburg	Flensburg. Schiffb. 1912	20 000	150,0	?	29,5	?	
17	Cavite	Maryland Steel-Co. 1906	18 500	152,5	41/47,6	32,3	11,5	
18	Algiers	Maryland Steel-Co. 1902	18 000	160,0	?	30,5	8,5	
19	Hamburg	Blohm & Voß, 1902	17 500	180,0	?	34,0	8,9	
20	Hamburg	Blohm & Voß, 1897	17 000	170,0	?	26,8	∼ 9,5	
21	Bermuda	Swan, Hunter, 1902	17 000	166,0	?	30,3	10,3	
22	Tsingtau	Gutehoffnungshütte 1905	16 000	125,0	39,0	30,0	10,0	
23	Rotterdam	Aug. Klönne, 1904	15 600	170,0	36,0	26,4	7,6(?)	
24	Pola	Staatsarsenal Pola 1904	15 000	171,0	?	25,8	10,3	
25	Havanna	Swan, Hunter, 1897	12 000	137,0	?	25,0	8,3	
26	Amsterdam	Nederl. Scheepsb. My, 1911	12 000	140,0	33,5	23,2	?	
27	Kobe	Mitsu Bishi Co., 1909	12 000	162,5	?	21,4	8,0	
28	Hamburg	Swan, Hunter, 1897	11 500	156,0	?	25,0	7,3	
29	Hoboken	Gutehoffnungshütte, 1903	11 500	148,0	?	22,0	7,5	
30	Hamburg	Flensburg. Schiffb. 1903	11 000	155,0	?	23,2	6,7	
31	Bremen	Weser, A.-G., 1906	10 500	117,0	?	23,6	7,0	
32	Brooklyn	Morse Ironwork, 1900	10 000	142,0	?	28,0	8,0	
33	Emergency	Mill Island, 1920	10 000	125,0	35,7	?	?	
34	Mobile	Alabama Dry Dock and Shipb. Corp. 1920	10 000	128,0	35,4	27,4	∼ 8,5	Holzdock.
35	Hamburg	Flensburg. Schiffb., 1911	6 000	93,0	27,4	?	?	
36	Furness-Eisenb.	Vickers, Barrow, 1920	5 200	128,0	23,9	18,1	7,5	hat beiderseits Stabilisierungskästen.
37	Pensacola	Bruce Dry Dock Corp., 1920	5 000	116,0	28,6	23,8	?	
38	Danzig	v. Klitzing, 1917	3 500	120,0	27,5	19,5	5,5	Hebedock.
39	Danzig	?	2 500	120/100	∼ 18,5	∼ 15,0	∼ 5,2	
40	Danzig	?	1 400	75/30	24,0	18,5	∼ 5,2	

zu dockenden Schiffe stehen. Die Breite wird in gewisser Weise auch mitbestimmt durch die Rücksicht auf die erforderliche Stabilität. Bei dem Dock Nr. 36 der Übersicht ist der beiderseitige Anbau eines Stabilisierungsluftkastens nötig, obwohl die lichte Breite von 18,1 m für Schiffe von 5200 t Leergewicht in den meisten Fällen noch ausreichen mag. Einige Docks fallen auf durch die außerordentlich geringe Länge gegenüber ihren Nachbarn, man erkennt ohne große Mühe, daß solche Bauwerke hauptsächlich für Kriegsschiffe bestimmt waren (vgl. Nr. 11 und 22) oder sind (vgl. Nr. 1). Ein Schaubild, in das wir die Docklängen eintragen, Abb. 17, führt uns nun weiterhin zu dem bemerkenswerten Ergebnis, daß auffälligerweise die Docks von 10000—18000 t Hebefähigkeit eine größere Länge aufzuweisen haben, als selbst solche von 25000 t. Das findet die einfache Erklärung darin, daß alle größeren Dockbauten von vornherein hauptsächlich auf Kriegsschiffe zugeschnitten sind.

Bei 18 000 t etwa beginnen die Dreadnought-Schiffe, die im Verhältnis zu ihrer kräftigen Breite kurz genannt werden müssen. Die Bedürfnisse der Handelsmarine sind mit dem 16 000 —18 000 - t - Dock im großen ganzen befriedigt, da schwerere Schiffe nur in geringer Zahl in Frage kommen. In der Handelsmarine ist das gewöhnliche die Leergewichtsdockung, im Kriegsschiffbau dagegen müssen bei den Dockentwürfen die Vollgewichte zugrunde gelegt werden. Dadurch erklärt sich die sprunghafte Änderung der Docklängen bei einer Hebefähigkeit, die ungefähr dem größten leeren Handelsschiff und dem kleinsten Dreadnought-Panzerschiff entspricht. Der Einfluß der Kriegsmarineanforderungen überwiegt bei den großen Docks.

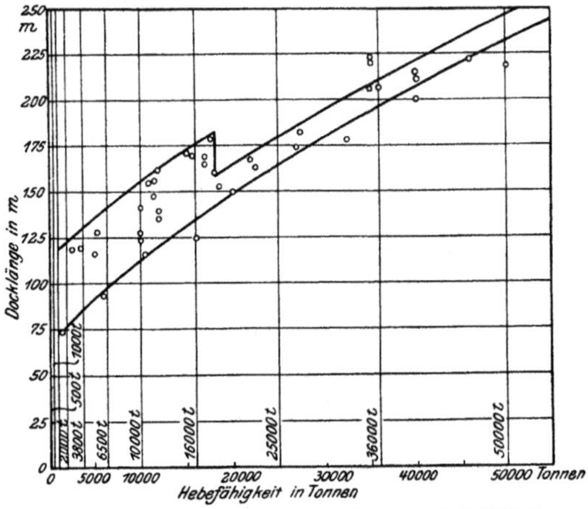

Abb. 17. Beziehung zwischen Docklänge und Hebefähigkeit.

Von den zehn festgelegten Einheitsdocks war die Stufenfolge 500, [1000], 2000, 6500, 16 000, 36 000 als die Hauptgruppe bezeichnet worden. Gehen wir von dem größten Dock dieser Reihe aus, so kommen wir unter Berücksichtigung bewährter Dockausführungen, nach Vergleich der Längen der dem Hebevermögen entsprechenden Schiffe und Abzug eines zulässigen Überganges bei Leerfahrzeugen, zu einer Nutzlänge von rund 195 m. Diese Länge genügt allen Anforderungen. Da für diese Dockgröße die Pola-Bauart in Frage kommt (vgl. S. 23/24), so werden wir fünf Tröge wählen, zwei äußere und drei mittlere, deren Länge wir so bestimmen, daß durch Hinzufügen zweier neuer Abteilungen das 50 000-t-Dock entsteht. In Rücksicht auf diese Erweiterungsmöglichkeit wird auch die Seitenkastenhöhe über Pontondeck reichlich bemessen und zu 14 m vorgeschlagen, welches bei einem Senkfreibord von 1 m und einer Kielstapelhöhe von 1,3 m für Schiffe bis etwa 11,5 m Tiefgang ausreicht. Was die Bodenkastenhöhe dieser hinzugekommenen Abteilungen angeht, so empfiehlt es sich, sie etwas geringer als die der mittleren und etwas höher als die der alten Endtröge zu machen, beispielsweise 5,25 m gegenüber 6 und 4,5 m. Wir tragen so der Lastverteilung des eingedockten Schiffes durch entsprechende Anordnung des Auftriebes Rechnung, was bei den großen Docks nicht unterlassen werden darf. Als lichte Breite wählen wir für das 36 000-t-Dock zweckentsprechend 45 m, das erprobte Maß unserer 40 000-t-Marinedocks, und tragen dabei den Anforderungen des 50 000-t-Docks in gleicher Weise Rechnung. Die Außenbreite mag 55 m betragen, welches Maß jedoch noch hinsichtlich der Stabilität zu untersuchen sein wird und auch zusammen mit der Bodenkastentiefe und der Gesamtverdrängung in Übereinstimmung gebracht werden muß. Wählen wir die Spantentfernung zu 1,2 m bei Anordnung zweistegiger Gurtungen, so ergibt sich bei einer Bodenkastenlänge von 38,4 m und je 0,6 m Spielraum zwischen ihnen eine Gesamtnutzlänge von 194,4 m für das 36 000-t-Dock und eine Nutzlänge von 272,4 m für das verlängerte Bauwerk mit 50 000 t Hebefähigkeit. Auf den ersten Blick könnte es scheinen, als wenn diese Länge zu reichlich bemessen sei gegenüber dem nächstkleineren Dock, aber das 36 000-t-Dock ist vornehmlich Kriegsschiffdock, das 50 000-t-Bauwerk soll dagegen auch die größten Handelsschiffe von Längen bis zu 300 m aufnehmen können. Wenn ein Überhang von 5—7 v. H., in Ausnahmefällen selbst 15—20 v. H., für das Schiff auch ungefährlich ist, so ist es bei den Instandsetzungsarbeiten, welche oft gerade am Achterschiff oder am Vorschiff ausgeführt werden müssen, recht hinderlich, wenn Vorder- und Hinterschiff über die Dockenden hinausragen.

Das 25 000-t-Dock ist das Bindeglied zwischen dem 36 000-t- und dem 16 000-t-Dock. Es wird, wie auf S. 25—28 ausgeführt, zweckmäßig nach dem Havanna-Typ erbaut. Bei 35 m lichter Breite, die den Anforderungen genügt, ergibt sich eine Nutzlänge von 185 m. Eingehängt sind insgesamt 4 Bodenkästen, zwei mittlere zu je 65 m und zwei äußere zu je 26,6 m Länge.

Die Einheitsdocks von 16 000 t und 10 000 t Hebefähigkeit werden nach dem Rennie-Typ gebaut. Sie erhalten zweckmäßig die gleiche Breite, so daß durch Verlängerung aus dem kleineren das größere gewonnen werden kann. Die lichte Breite beträgt 25 m, die äußere 34 m. Erforderlich sind beim 16 000-t-Bau 8 Bodenschwimmkästen mit einer Gesamtlänge von 168,5 m einschließlich der Zwischenräume. Die vier mittleren Schwimmer sind 5 m, die vier äußeren 4 m hoch. Die Länge der Bodenkästen beträgt 21 m bis auf zwei der mittleren, die je 19,5 m messen. Das 10 000-t-Dock besitzt sechs Bodenkästen, wovon die vier mittleren 21 m lang und 4 m hoch, die beiden äußeren 19,5 m lang und 3,5 m hoch sind. Die Gesamtnutzlänge dieses Docks beträgt einschließlich der Zwischenräume 125,5 m.

Bei Fortführung der Reihe erhalten wir für das 6500-t-Dock eine Gesamtlänge von 110 m, von der auf jedem Ende 9 m des Bodenteiles lediglich aus Fachwerk bestehen, während der 92 m lange Mittelteil als Schwimmkasten ausgebildet ist und 4 m hoch ist. Die lichte Breite nehmen wir zunächst zu 20, die äußere zu 28 m an.

In ähnlicher Weise werden auch für die übrigen Docks die Hauptmaße festgelegt. Die vorgeschlagenen Hauptabmessungen sind für die ersten acht Einheitsdocks in der Übersicht S. 37 zusammengestellt. Um bei den kleineren

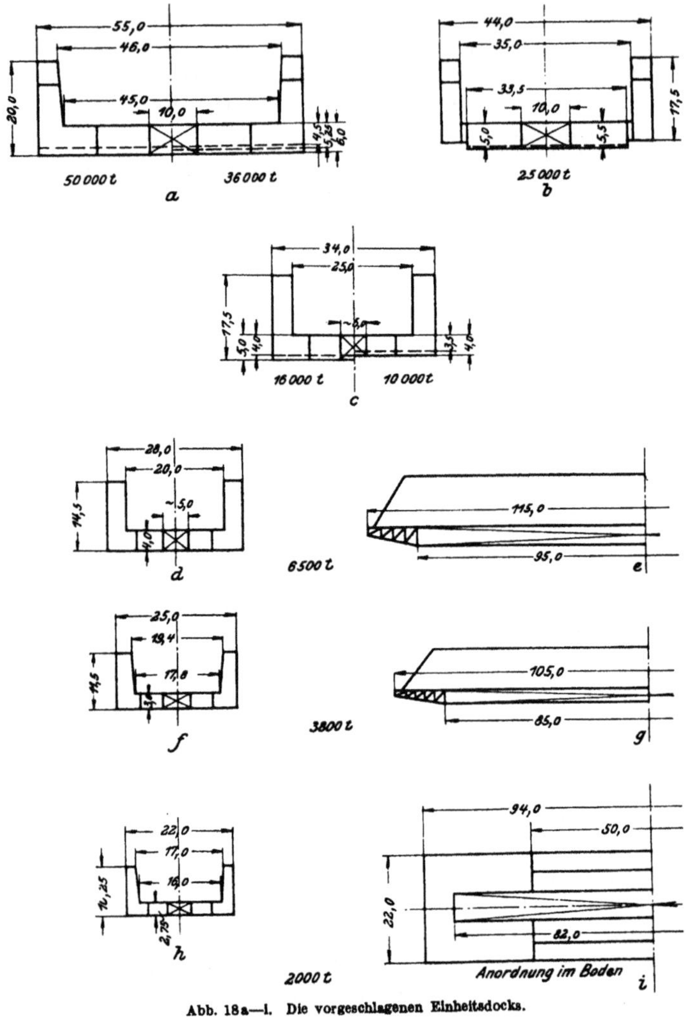

Abb. 18a—i. Die vorgeschlagenen Einheitsdocks.

Docks eine genügende, zweckmäßige Länge bei großer Breite und aus Gründen der Querfestigkeit erforderlichen ausreichenden Höhe zu bekommen, wird es bei diesen Bauwerken nötig, den Boden teilweise unbeplattet zu lassen und nur im Fachwerk zu entwerfen. Wir erhalten so für das 3800-t-Dock beispielsweise einen geschlossenen Bodenschwimmer von 85 m Länge und auf jedem Ende noch auf je 10 m der Länge unbekleidete Fachwerkkonstruktion. Ähnlich ergibt sich beim 2000-t-Dock etwa eine Bodenausführung, wie sie aus Abbildung 18 i hervorgeht. Auch die Ausbildung der Seitenkasten wird, soweit Stabilitätsrücksichten es zulassen, stellenweise gitterartig geschehen. Doch das sind Einzelfragen, die bei der genauen Durcharbeitung der Entwürfe berücksichtigt werden müssen, hier aber nicht behandelt werden sollen, da sie über die gesteckten Grenzen der Arbeit hinausgehen. Aus diesem Grunde sind auch für die beiden kleinen Dockmuster, das 500- und das 1000-t-Einheitsdock keine Abmessungen vorgeschlagen. Es sind dies jene Größen, die unter Umständen als Hebedock zu entwerfen sein werden, wodurch man zu ganz anderen Abmessungen gelangt. Von offenem Gitterwerk in den Seitenkasten und im Boden wird außerdem weitgehender Gebrauch zu machen sein, und die besonderen Anforderungen, die hinsichtlich des Verwendungszweckes (ob Kriegsmarine oder Handelsmarine) und als Folge von örtlichen Verhältnissen an diese beiden kleinen Dockmuster zu stellen sind, werden zu berücksichtigen sein.

Wenn wir uns nun die Frage vorlegen, in welcher Weise bei den Docks genormt werden kann, so müssen wir sie zunächst dahin beantworten, daß es nicht möglich ist, die Abmessungen einer Dockgröße aus der vorhergehenden mit

Zusammenstellung vorgeschlagener Abmessungen für die Einheitsdocks.

Hebefähigkeit bei 0,1 m Freibord in t	Der Berechnung zugrunde gelegtes Dockgewicht in t	Trimm- und Restwasser bei 0,1 m Freibord in t	Gesamtlänge in m [Länge der Zellen]	Außenbreite in m	Lichte Breite in m	Seitenhöhe über Pontondeck in m	Bodentiefe in Dockmitte in m	Höhe der Kielstapel in m	Freibord bei größter Versenkung in m	Schiffsschwerpunkt über Kiel in m	Metazenterhöhe bei austauch. Kiel in m	Bemerkungen
50 000	23 000	4500	272,4	55	45	14,0	6,0	1,3	1,0	13,5	6,80	beiderseits zwei Längsschotte im Boden, Mittelraum luftgefüllt
36 000	17 000	3500	194,4	55	45	14,0	6,0	1,3	1,0	11,5	8,20	desgleichen
25 000	12 000	2500	185,0	44	35	13,0	5,5	1,3	1,5	10,0	5,37	Seitenkastengesamthöhe 17,5 m In Pontons beiderseits ein Längsschott, Mittelraum luftgefüllt
16 000	7 500	1200	168,5	34	25	12,5	5,0	1,2	1,5	8,9	3,36	beiderseits 2 Längsschotte, Mittelraum luftgefüllt
10 000	4 800	800	125,5	34	25	12,5	4,0	1,2	1,5	8,0	5,89	desgleichen
6 500	3 300	600	115 [95]	28	20	10,5	4,0	1,2	1,5	7,1	4,51	desgleichen
3 800	2 000	350	105 [85]	25	178/194	8,5	3,0	1,2	1,5	6,0	4,70	desgleichen
2 000	1 100	200	94 [82/50]	22	16/17	7,5	2,75	1,2	1,5	4,9	3,60	desgleichen

Hilfe des Ähnlichkeitsgesetzes zu finden. Die vorstehende Zusammenstellung bringt das auch zum Ausdruck. Nicht die gleichen Gesichtspunkte sind für alle Größen bestimmend, worauf schon hingewiesen ist, und wenn wir beispielsweise Wert darauf legen, ein Dock durch einfache Verlängerung oder Verkürzung aus einem anderen zu erhalten, so folgt daraus ja ohne weiteres, daß wir die Breite beibehalten müssen und auch eine Änderung der Seitenkastenhöhe zweckmäßigerweise unterlassen. Nicht das Verhältnis einer bestimmten Gruppe von Abmessungen zueinander, z. B. Länge : Breite : Höhe kann festgelegt werden und hat für alle Docks gleichmäßig Gültigkeit, sondern jedes Dock der zehnstufigen Reihe muß aus Rücksichten heraus, die jede einzelne Größe besonders verlangt, für sich entworfen werden. Die Normung erstreckt sich dann allenfalls wie bei dem 50 000/36 000-t-Dock und dem 16 000/10 000-t-Dock auf die Beibehaltung des gleichen Querschnittes. Was sich ändert, ist dann lediglich die Länge. Damit ist auch schon sehr viel gewonnen. Wir haben beim 50 000-t-Dock eine Reihe (7 Stück) gleichlanger Tröge, die sich nur in ihrer Bodenhöhe und hinsichtlich des Gewichtes unterscheiden, da die äußeren Abteilungen eine kleinere Bodenstückhöhe besitzen und wegen der geringeren Beanspruchungen auch etwas leichter gebaut sind. Durch Aussonderung zweier bestimmter Abteilungen, der zweiten und der sechsten, entsteht auf die denkbar einfachste Weise das 36 000-t-Dock. Die Seitenkästen der einzelnen Tröge sind vollkommen gleichartig, ihre Beplattung, der Entwurf des Gitterwerkes usw. kann durchaus nach Gesichtspunkten der Normung erfolgen. Die Boden- und Deckenbeplattung der Bodenkästen ist vollkommen gleich, sobald auf Aufkimmung verzichtet wird, die Fachwerksgitterträger sind wenigstens in den Pontons gleicher Höhe übereinstimmend. Die Plattenabmessungen und der Nietdurchmesser können bei den drei größten Docks vollkommen einheitlich sein, wenn für das 25 000-t-Dock auch zweistegiger Spant in 1200 mm Entfernung gewählt wird. Kielstapel von etwa 450 mm Breite werden dann alle 600 mm angeordnet und gewährleisten eine einwandfreie Lastverteilung. Die enge Stellung ist erforderlich, weil in vielen Fällen die Schiffe auf seitlich heraus liegenden Dockkielen ruhen sollen, und dann die Stapelblöcke nach links und rechts abwechselnd herausgezogen werden müssen.

Bei den beiden Docks von 10 000 und 16 000 t Hebefähigkeit sind die Bodenschwimmkästen zur Vereinheitlichung sehr geeignet. Eine größere Anzahl von ihnen ist völlig gleich, andere unterscheiden sich nur in der Höhe. Die Seitenkasten können ohne Fall ausgebildet werden und haben dann vollkommen gleichförmige Außenhautflächen. Bei genauer Anlieferung ist ein Beschneiden der Platten nicht notwendig, und bei Anwendung neuzeitlicher Arbeitsverfahren (Viellochstanze, Paketbearbeitung usw.) erübrigt sich fast völlig das zeitraubende Vorzeichnen. Weiterhin werden wir vom 16 000-t-Dock ab zweckmäßig einstegige Spanten verwenden und beim 16 000/10 000-t-Dock 750 mm Spantabstand wählen. Das entspricht ungefähr auch der mittleren Spantentfernung der Schiffe, die für diese Docks in Frage kommen, und weil die Kielstapel eine ausreichende Breite, 350—400 mm, erhalten, gehen wir auch bei diesen Docks sicher, daß die Schiffe gerade unter den Spanten die erforderliche Abstützung finden. Mit der Vernietung läßt sich der Spantabstand von 750 mm auch gut in Einklang bringen. Die Stärke der Platten und Winkel, die bei diesen beiden Dockgrößen zur Verwendung kommen, liegt etwa zwischen 10 und 18 mm. Für diese Dicken ist aber 20—22 mm ein brauchbarer mittlerer Nietdurchmesser. Daraus folgt weiter, daß der Spantabstand ein Vielfaches von 7—8 mal Nietdurchmesser wird, wenn auch Befestigungswinkel und dergleichen sich in die normale Nietteilung einfügen sollen. Die Entfernung 7—8 mal Nietdurchmesser muß so bemessen sein, daß für Nähte und Stöße 3 bis 4 · *d* die Hälfte wird. Wählen wir für die ganze Teilung 150 mm, so ergibt sich in Übereinstimmung mit dem Germanischen Lloyd für die in Frage kommenden Plattendicken die Nietentfernung der Nähte zu 75 mm, entsprechend ungefähr 3,5 · *d*. Die Spantentfernung würde sich daraus zu 600, 750 oder 900 mm ergeben. 750 mm ist ein brauchbarer Mittelwert. Gleiche Nietteilung und gleicher Nietdurchmesser sind mit das wichtigste Erfordernis für die Vereinheitlichung. Möglichst wenige verschiedene Winkelsorten und Plattengrößen sind ein zweiter Gesichtspunkt. Gleiche Flanschbreite der Verband- und Befestigungswinkel, bei dem 10 000-16 000-t-Dock beispielsweise die 150 · 75er Profile und die 75er Winkel, gewährleisten eine vernünftige Anordnung und gute Einfügung in die gewählte Nietteilung. Die regelmäßige Vernietung bringt es ferner mit sich, daß Maße auch auf die Mittellinien der Nietlöcher bezogen werden können, und daß dadurch die häufigen Unzuträglichkeiten ausgeschaltet werden, die eine Folge der Maßangabe von Mallkante zu Mallkante, von Plattenmitte zu Plattenmitte usw. sind. Die Nietteilung muß sozusagen die Maßeinheit für Entfernungsangaben sein. Entwurfsabmessungen sind späterhin so abzuändern, daß sie mit der festgelegten Nietteilung in Einklang stehen. Es wird sich dabei nur um geringfügige Änderungen handeln, die auf das Gesamtbauwerk ohne Einfluß, für den Betrieb und die Herstellung aber von außerordentlichem Wert sind. Der ausgiebigste Gebrauch von Vielfachpunzmaschinen wird dadurch gewährleistet oder das Bohren in Paketen ermöglicht, überhaupt die Massenherstellung einzelner Verbandteile erleichtert und verbilligt, die Auswechselbarkeit der Teile untereinander erreicht und damit das ganze Arbeitsverfahren veredelt. Der Dockbau ist ja der Zweig des Schiffbaues, aus dem das handwerksmäßige Arbeitsverfahren am leichtesten verbannt werden kann, und wo die im Brückenbau übliche Bauweise sich am ehesten Eingang verschafft hat und weiterhin in noch erhöhtem Maße verschaffen wird.

Auch die Plattenjoggelung mag nicht unerwähnt bleiben, da sie im Dockbau besonders vorteilhaft bei den großen Flächen der Seitenkasten und Bodenschwimmer Verwendung finden kann. Außer dem Vorteil, den der Fortfall der Unterlegstreifen mit sich bringt, gibt die Joggelung der Platte ein großes Widerstandsmoment gegen äußeren Druck und stellt daher eine gute Versteifung dar. Wir unterscheiden zwei Ausführungsmöglichkeiten. Entweder werden alle Platten auf einer Seite gejoggelt, oder aber es wird jeder zweite Plattengang auf beiden Seiten gejoggelt. Die erste Ausführungsart bringt eine gleiche Plattenbreite mit sich und ergibt Stemmkanten in einer Richtung, bei den Seitenwänden beispielsweise nur nach unten. Das ist ein guter Schutz gegen Verrotten, weil Wasser auf diesen Stemmkanten sich nicht aufhalten und mit Hilfe des Einflusses freier Luft sich nach und nach Eintritt unter die Überlappung verschaffen kann. Innen kann der bei einer guten Joggelung nur geringe, etwa keilförmige Zwischenraum in ausreichender Weise durch den Asphaltanstrich ausgefüllt werden. Die zweite Ausführungsart zeitigt noch den Übelstand der ungleichen Plattenbreite, wenn die Forderung der gleichmäßigen Nietteilung der Spanten aufrechterhalten wird. Die äußere Nietreihe der Nahtüberlappung muß bei der Kreuzung der Spanten in diesen ein Nietloch vorfinden, das ist bei beiderseitiger Joggelung aber nur möglich, wenn die anliegenden Gänge entweder eine halbe Nietteilung breiter oder schmaler sind. Einen Vorteil hat die zweite Ausführungsart, es brauchen nicht alle Platten zur Joggelmaschine gebracht zu werden. Wir werden zweckmäßig für die senkrechten Flächen der Seiten- und Bodenkästen die erste Ausführungsart, für die wagerechten Flächen des Bodenkasten unter Umständen die zweite wählen.

Es würde zu weit führen, hier noch auf alle die Hilfsmittel besonders einzugehen, deren eine Werft sich bedienen muß, um vorteilhaft zu arbeiten, es mag auf die einschlägigen Veröffentlichungen verwiesen werden, die sich in hervorragendem Maße in den Jahrbüchern der Schiffbautechnischen Gesellschaft finden[1]).

Nachdem wir so, aus der Notwendigkeit heraus, unseren verlorengegangenen Dockpark in geeigneter Weise zu ergänzen, zu der Frage der Einheitsdocks gelangt waren, haben wir im vorhergehenden den Weg gekennzeichnet, der es uns erlaubt, bestimmte Dockgrößen als „Einheitsdocks" herauszufinden. Nach Festlegung des Typs und der Abmessungen dieser zehn verschiedenen Docks in großen Zügen und nach einem kurzen Hinweis auf die Normungs- und Vereinheitlichungsmöglichkeiten allgemein und im besonderen bei den in Besprechung stehenden gestaffelten Docks ist ein Hauptteil der vorliegenden Arbeit beendigt. Wir kommen im nächsten Teil noch kurz auf die Verfahren zu sprechen, mit deren Hilfe wir die Docks auf ihre Brauchbarkeit untersuchen und uns Klarheit verschaffen über die Eigenschaften, die das Bauwerk hinsichtlich der Verdrängung, der Stabilität, der Festigkeit und des Gewichtes hat.

Verdrängungsrechnung.

Was die Verdrängungsrechnung angeht, so ist diese ja ohne besondere Schwierigkeit, da das Dock oder seine einzelnen Teile geometrisch einfache Körper sind, deren Inhalte leicht zu errechnen sind. Immerhin ist möglichste Genauigkeit erwünscht, vor allem bei der Bestimmung der Ballastwassermengen, die zur Füllung der inneren Räume dienen. Die Eisenverbandteile nehmen einen erheblichen Teil des Innenraumes ein und müssen hinreichende Berücksichtigung finden.

[1]) Jahrb. 1918, Loof, Neuzeitliche deutsche Werftmaschinen und Bearbeitungsanlagen für den Kriegs- und Handelsschiffbau. Jahrb. 1919, Sütterlin, Die Normung, Staffelung und Aussonderung im Schiffbau. Jahrb. 1920, Foerster, Wirtschaftliche Konstruktionsfragen im künftigen Schiffbau.

Für überschlägliche Berechnungen wird es ausreichen, wenn wir erfahrungsmäßige Abzüge machen für die Verdrängung der Raumteile, bei genauerer Rechnung können wir uns des folgenden Hilfsmittels bedienen. Aller eingebaute Werkstoff sei in die wagerecht und senkrecht durchlaufenden Decks, Schotte und Seitenwände zusammengeschoben gedacht, wobei das Dockgewicht auf Boden- und Seitenkästen entsprechend deren Oberflächen verteilt werde. Beispielsweise beträgt bei dem 16 000-t-Einheitsdock die Gesamtoberfläche rund 24 500 m², wovon auf die Seitenwälle etwa 10 000 m², auf die acht Bodenschwimmer etwa 14 500 m² entfallen, entsprechend 41 und 59 v. H. des Gesamtgewichtes. Abb. 19 veranschaulicht die Aufteilung des Baustoffes in 50 mm dicke senkrechte Schotte und 25 bezüglich 35 mm dicke wagerechte Decks und Böden.

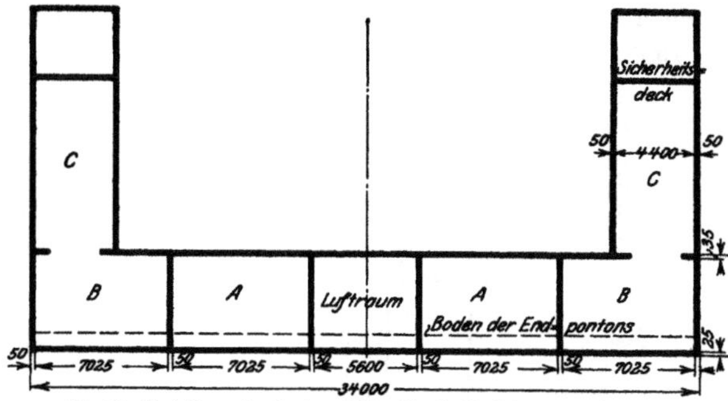

Abb. 19. Verteilung des Dockgewichtes für die Verdrängungsrechnung.

Auf diese Weise ergibt sich in vorliegendem Falle ein Volumen der Raumteile von etwa 960 m³, entsprechend 7500 t Dockgewicht. Für die Ballastwassermenge,

Dock-Tiefgang in m		Wasserspiegel fällt im Innern		Dockverdr. nimmt ab um	Schiffsverdr. nimmt ab um	Gesamt-abnahme	Förder-höhe	Moment
von	bis	von	bis	in t	in t	in t	in m	in mt
15,00	14,20	12,70	11,90	1 100	—	1 100	2,30	2 530
14,20	11,55	11,90	5,00	3 500	6 000	9 500	4,30	40 800
11,55	9,00	5,00	3,07	3 500	5 200	8 700	6,24	54 200
9,00	7,00	3,07	1,64	2 830	3 700	6 530	5,66	36 950
7,00	6,20	1,64	1,28	1 150	1 100	2 250	5,18	11 640
6,20	5,30	1,28	1,00	1 280	—	1 280	4,60	5 890
5,30	5,00	1,00	0,78	590	—	590	4,25	2 510
5,00	4,90	0,78	0,53	550	—	5 50	4,25	2 340
15,00	4,90	12,7	0,53	14600	16 000	30 600	5,13	156 860

deren Raumberechnung und Peilung sind dann die lichten Maße der Dockzellen maßgebend, wie sie sich aus Abb. 19 ergeben.

Bezüglich der praktischen Eintragung der Rechnungsergebnisse in ein Kurvenblatt kann auf zahlreiche Veröffentlichungen verwiesen werden[1]). Die Tatsache, daß in jedem Augenblick die Summe aus Ballastwassergewicht, Dockgewicht, Schiffsgewicht gleich der Verdrängung von Dock und Schiff zusammen

[1]) Schiffbau, Jahrg. IX, Flamm, Zur Frage der Schwimmdocks, S. 360/63, Tafel 1 und 2. Z. V. d. I., Jahrg. 1912, S. 1221 u. f. Jahrbuch d. Schiffsbt. Gesellsch. 1905, Wiking, Der Bau von Schwimmdocks.

ist, gibt die Grundlage für alle Arten der graphischen Aufzeichnungen. Die Verdrängungskurve des Schiffes wird in Kielstapelhöhe beginnend einfach an die Verdrängungskurve des Dockes herangezeichnet. Vorteilhaft werden auch gleich die Schwerpunktlagen der Verdrängung und des Ballastwassers eingetragen, da sie für weitere Rechnungen dauernd gebraucht werden. Weiterhin müssen wir im Anschluß an die Verdrängungsrechnung die Pumparbeit bestimmen. Sie ergibt sich aus der auszupumpenden Wassermenge, die ebenso groß ist wie der Verdrängungsunterschied des Docks mit Schiff zwischen der Anfangs- und Endlage gleich der Verdrängungsabnahme von Beginn des Pumpens bis zur

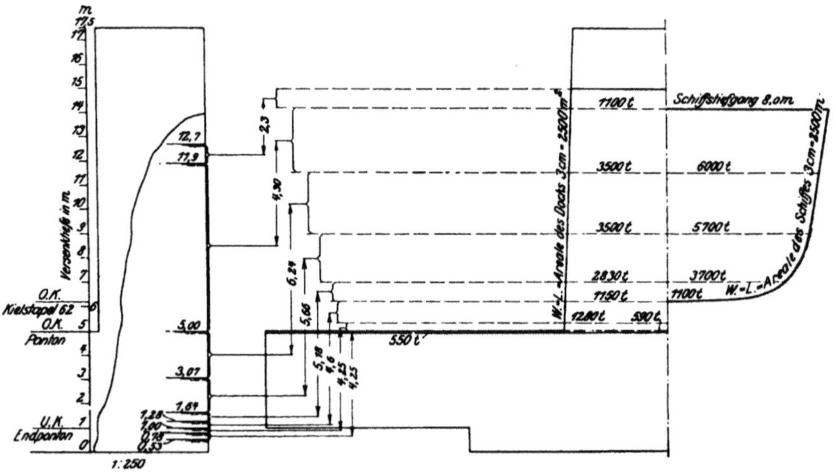

Gesamtfördermenge von Tg. 15 m — 4,9 m $L = 30600\,t$. Mittlere Förderhöhe = 5,13 m.

Bei Beginn des Hebevorganges 0,8 m Spielraum zwischen Schiffskiel und Kielstapel, nach Beendigung des Pumpens 0,1 m Freibord der Bodenkastendecke. Die Senkung des Innenwasserspiegels ist gleichmäßig ohne Rücksicht auf die Erfordernisse des Trimms und des Lastausgleiches angenommen. Bei 11,55 m Docktiefgang sind dann die Seitenkasten lenz, bei 5,3 m die 4 m tiefen Endpontons.

Abb. 20. Förderdiagramm des 16000-t-Docks.

Beendigung des Hebevorganges. Die Zahlentafel Seite 41 und Abb. 20 mögen zur Veranschaulichung dienen.

Stabilität.

Bringt man einen in Ruhe verharrenden Schwimmkörper durch äußere Kräfte aus seiner Ruhelage, beispielsweise so, daß die Mittellinie des Schwimmkörpers um den Winkel φ sich neigt, so wird der Körper, wenn die äußeren Kräfte zu wirken aufhören, entsprechend der Größe des aufrichtenden Momentes schneller oder langsamer in die ursprüngliche Schwimmlage zurückkehren.

Bei einer Schwimmdockanlage wirken Stabilität erzeugend oder aufrichtend die Verdrängung und die Schwimmflächen von Dock und Schiff, Stabilität mindernd bezw. neigend die freien Oberflächen des im Dock enthaltenen Füllwassers und die Gewichte von Dock und Schiff, falls der Schwerpunkt G des

Gesamtgewichtes über dem Schwerpunkt F der Gesamtverdrängung liegt. Der Schnittpunkt der Auftriebsrichtung bei Neigung um den kleinen Winkel $\triangle\varphi$ mit der Schwerlinie des Schwimmkörpers liefert uns das Metazentrum M_{φ}. Nähert φ sich dem Wert $\varphi = 0$, so ergibt sich schließlich als Grenzlage das Metazentrum M, und damit in der Entfernung $\overline{MG}$ ein Maß für die Anfangsstabilität, die sogenannte metazentrische Höhe. Das Dock wird kentern, wenn M unter G zu liegen kommt, oder wird sich mindestens so weit neigen, bis wieder infolge Auswanderns des Verdrängungsschwerpunktes eine positive Metazenterhöhe erzielt wird.

Das Maß für die Anfangsstabilität liefert uns der bekannte Ausdruck[1]):

$$\overline{MG} = H' = \frac{I - \sum i}{D} - \overline{FG},$$

d. h. H' wird erhalten, wenn wir von dem Trägheitsmoment der Schwimmflächen des schwimmenden Systems — des Docks und des fest mit ihm verbunden gedachten Schiffes — die Summe der Trägheitsmomente der Oberflächen des Füllwassers abziehen, diese Differenz durch die Verdrängung D des ganzen Schwimmkörpers dividieren und das Ergebnis um die Größe $\overline{FG}$ vermindern. Diese Rechnung können wir für alle Tiefenlagen des Docks durchführen, und wenn wir dann die Ergebnisse in bekannter Weise zu einem Schaubild zusammenstellen, sind wir in der Lage, für jeden gewünschten Tiefgang das Maß der Anfangsstabilität abgreifen zu können. Im allgemeinen wird es aber genügen, wenn wir bei ⊔-Schwimmdocks, deren Seitenkasten voll beplattet sind, den Augen-

[1]) Wenn durch I das Trägheitsmoment der Schwimmfläche eines Schwimmkörpers bezeichnet wird und durch D das verdrängte Wasservolumen, so ergibt sich die Metazenterhöhe $\overline{MF}$ bekanntlich zu:

$$\overline{MF} = \frac{I}{D}.$$

Aber auch für das im Innern eines Schwimmkörpers frei bewegliche Wasser (Ballastwasser oder Füllwasser) läßt sich der gleiche Ausdruck anschreiben. In Abb. 21 ist $PQRS$ ein auf der Wasserlinie $\overline{WL}$ schwimmendes Dock von dem Volumen (Süßwasserverdrängung) D, $pqrs$ eine bis zur Höhe $\overline{wl}$ mit Süßwasser vom Gewicht d angefüllte Abteilung. Infolge Neigung des Systems um den Winkel $\varDelta\varphi$ verschiebt sich der Schwerpunkt f der frei beweglichen Füllwassermenge nach f', und es folgt, wenn i das Trägheitsmoment der freien Wasseroberfläche bedeutet:

$$fm = n = \frac{i}{d}.$$

Die neigende Wirkung der frei beweglichen Wasseroberfläche äußert sich so, als wenn eine Verlegung des Systemschwerpunktes von G nach G' stattfände:

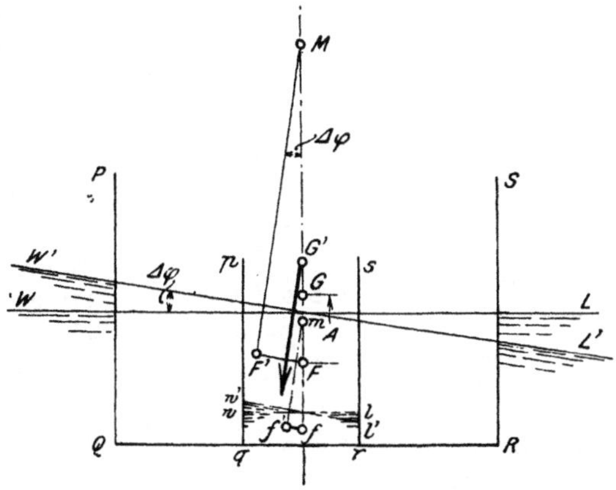

Abb. 21. Einfluß frei beweglicher Wassermengen auf die Stabilität.

$$\overline{GG'} = \frac{d \cdot n}{D}, \quad \text{und da} \quad n = \frac{i}{d}, \quad \text{folgt:} \quad \overline{GG'} = \frac{i}{D}.$$

Sind mehrere Abteilungen vorhanden, in denen sich frei bewegliches Wasser befindet, so kommt als Gesamtverringerung von $\overline{MF}$ die Größe: $\frac{\sum i}{D}$ in Frage.

Metazenterhöhen für die Einheitsdocks.

Einheitsdock-Größe	Tiefgang Gesamt (m)	Tiefgang über Pontondecke (m)	Füllwasser in Bodenräumen (t)	Füllwasser-⊙ G_W (m)	Dock-Leergewicht (t)	Dock-⊙ G_D (m)	Schiffs-⊙ über Dockboden (m)	Gesamt ⊙ G (m)	Trägheitsmom. J der Dockschwimmflächen (m^4)	Trägheitsmom. der Füllwasseroberflächen Σi (m^4)	D = Gesamtverdr. Dock + Schiff + Ballast (m^3)	$MF = \frac{J \cdot \Sigma i}{D}$ (m)	Höhe des Verdräng. ⊙ FK (m)	$FG = GK \cdot FK$ (m)	$MG = MF \cdot FG$ (m)	Stabilitätsmoment für kleine Neigungen $St = D \cdot \overline{MG} \cdot \sin \Delta\varphi$ (m^4)	Bemerkungen
50 000	7,3	1,3	9500	1,7	23 000	7,50	20,80	14,90	628 000	127 600	82 500	18,2	3,50	11,40	3,60	297 000 · sin Δφ	Hinsichtlich der freien Oberflächen des Füllwassers und dessen Schwerpunktslagen sind die ungünstigsten Annahmen zugrunde gelegt worden
36 000	7,3	1,3	6500	1,8	17 000	7,60	18,80	13,75	1 191 000	91 000	59 500	18,5	3,45	10,30	8,20	487 900 · sin Δφ	
25 000	6,8	1,3	5500	0,84	12 000	6,35	16,80	11,79	652 000	52 000	42 500	14,1	3,06	8,73	5,37	228 224 · sin Δφ	
16 000	6,2	1,2	3500	0,4	7 500	6,10	15,10	10,67	319 700	20 300	27 000	11,1	2,93	7,74	3,36	90 720 · sin Δφ	
10 000	5,2	1,2	2500	0,4	4 800	5,45	13,20	9,20	236 500	15 200	17 500	12,8	2,29	6,91	5,89	103 075 · sin Δφ	
6 500	5,2	1,2	1900	0,45	3 300	5,00	12,10	8,20	128 000	5 300	11 700	10,5	2,23	5,97	4,53	53 001 · sin Δφ	
3 800	4,2	1,2	1300	0,6	2 000	4,00	10,20	6,83	73 000	3 540	7 100	9,8	1,73	5,10	4,70	33 370 · sin Δφ	
2 000	3,95	1,2	1000	0,57	1 100	3,00	8,85	5,26	31 200	1 515	4 100	7,2	1.66	3,60	3.60	14 760 · sin Δφ	

blick ins Auge fassen, wo der Kiel des gedockten Schiffes eben aus dem Wasser taucht. Dann sind es nur die Schwimmflächen der Seitenkästen, die aufrichtende Momente erzeugen. Für die in der Übersicht S. 37 zusammengestellten Einheitsschwimmdocks sind diese gefährlichen Schwimmlagen untersucht und in nebenstehender Zusammenstellung eingetragen.

An dieser Stelle wollen wir beispielsweise das 50 000-t-Dock untersuchen mit einem Handelsschiff darin, dessen Schwerpunkt etwa 13,5 m über Kiel liegt. Die Bodenkästen des Docks seien auf jeder Seite durch zwei Längsschotte unterteilt, so daß in der Mitte ein etwa 10 m breiter Luftraum bleibt, der nicht zur Füllung mit herangezogen wird, wohl aber unter Druck gesetzt wird beim Versenken des Docks entsprechend der Abb. 16h. Der Schwerpunkt des leeren, etwa 23 000 t schweren Docks sei bei dieser Rechnung überschläglich zu 7,5 m über Boden angenommen. Wenn der Kiel des Schiffes austaucht, verdrängen die Bodenkästen des Docks rund 79 000 t mit einer Schwerpunktshöhe 3,33 m über Grundlinie, die Seitenkästen bis zur Stapelklotzhöhe (1,3 m) etwa 3500 t mit Schwerpunktshöhe 6,65 m über Grundlinie. Die Gesamtverdrängung beträgt mithin rund 82 500 t mit 3,5 m Schwerpunktshöhe. Im Dock befinden sich dann noch 82 500 — 50 000 — 23 000 = 9500 t Füllwasser, das in gleichmäßiger Höhe sich in dem Bodenteil der vier Endtröge befinden möge. Die drei Mitteltröge enthalten lediglich Restwasser. Der Schwerpunkt dieser Füllwassermenge liegt dann etwa 1,7 m über Grundlinie, der Gesamtschwerpunkt folgt aus der Zusammenstellung:

Gegenstand	Gewicht	0-Höhe	Moment in mt
Schiff	50 000	20,8	1 040 000
Dock	23 000	7,5	172 500
Füllwasser	9 500	1,7	16 100
Gesamtsystem	82 500	14,9	1 228 600

Trägheitsmoment I der Dockschwimmfläche bei 7,5 m Tauchung:

$$I = \frac{260}{12} \cdot (55^3 - 45^3) = 1\,628\,000 \text{ m}^4.$$

Summe der Trägheitsmomente der Füllwasseroberflächen:

$$\sum i = 7 \cdot \frac{4}{12} \cdot 38{,}4 \cdot 11{,}25^3 = 127\,600 \text{ m}^4,$$

wenn, um sicher zu gehen, auch in den mittleren Bodenschwimmkästen die freie Oberfläche des Restwassers berücksichtigt wird.

$$\overline{MF} = \frac{I - \sum i}{D} = \frac{1\,628\,000 - 127\,600}{82\,500} = 18{,}2 \text{ m}.$$

Daraus ergibt sich die Metazenterhöhe H' zu:

$$H' = 18{,}2 - (14{,}9 - 3{,}5) = 6{,}8 \text{ m}.$$

Wir haben also unter den bezeichneten Annahmen in der gefährlichen Hebezone eine Metazenterhöhe von 6,8 m. Die Stabilität würde erst aufgebraucht sein, wenn der Systemschwerpunkt des Schiffes, der zu 13,5 m über Kiel angenommen wurde, um ungefähr 12 m in die Höhe rückte. Dann fällt das Metazentrum mit dem Schwerpunkt des Gesamtsystems zusammen. Es ist also eine recht erhebliche Sicherheit vorhanden.

Wenn in bezug auf die Stabilität von Schwimmdocks sicher gegangen wird, so ist das durchaus kein Fehler. Es ist dem Dockmeister ein beruhigendes Gefühl, zu wissen, daß die Stabilität seines Docks unbedingt ausreichend ist, auch wenn er ein Fahrzeug trocken setzt, dessen Schwerpunktlage höher als gewöhnlich oder ihm womöglich gänzlich unbekannt ist, und wenn er ohne Gefahr in sämtlichen Füllwasserzellen frei bewegliche Wasseroberflächen haben kann. Wir nehmen daher mit Recht einen etwas teuerern Bau infolge größerer Breite in den Kauf und verschmerzen es auch, daß der Kraftverbrauch beim Hebevorgang infolge der vermehrten Ballastwassermenge sich etwas höher stellt. Es macht übrigens nicht viel aus[1]).

Bei kleineren Docks spielt auch der seitliche Winddruck eine Rolle. Da das Stabilitätsmoment für kleine Neigungen $St. = D \cdot \overline{MG} \cdot \sin\varphi$ ist, wird bei bestimmten St (in vorliegendem Falle gleich dem Winddruckmoment) und einem $\overline{MG}$ von gleichbleibendem Wert die Winkelfunktion $\sin\varphi$ nur größer werden können bei kleiner werdendem D. Wenn also auch bei wachsendem Winddruckmoment mit höher und größer werdenden Docks und Schiffen die Funktion $\sin\varphi$ (bei hinreichend kleinen Änderungen auch φ selbst) naturgemäß wächst, so tritt doch die

[1]) Schiffbau, Jahrgang IX, S. 362.

bekannte Tatsache in Erscheinung, daß $\overline{MG}$-Werte allein keine Vergleichswerte für Schwimmkörper von ungleicher Verdrängung liefern und daß die Verdrängung D unbedingt mit in die Rechnung gesetzt werden muß.

Festigkeit.

Die Festigkeitsfragen, die den Ingenieur bei all seinen Werken und Schöpfungen bewegen, spielen auch beim Dockbau eine Hauptrolle. Hängt doch von ihrer richtigen Erfassung und Auswertung nicht nur die Sicherheit der eingedockten Fahrzeuge, sondern in ebenso hohem Maße die Wirtschaftlichkeit des ganzen Bauwerkes ab. Leider müssen wir uns gerade auf diesem außerordentlich bedeutungsvollen Gebiet der Technik mit oft recht bescheidener Annäherung an die Wirklichkeit begnügen, weil wir die Beanspruchungen, denen unser Bauwerk im Betriebe ausgesetzt sein wird, nur schätzen und in ihrem vollen Umfang nicht voraussehen können, und weil wir daher in unsere Rechnung Sicherheitszahlen einzuführen haben, die uns über diese Ungewißheit hinweghelfen müssen. Wir werden also Annahmen zu machen haben, die der Wirklichkeit möglichst nahe kommen, und werden dann diesen Annahmen entsprechend unsere Rechnung eineinrichten. Hinsichtlich des Rechnungsergebnisses wird es uns auf Zahlen nur insofern ankommen dürfen, als sie uns Vergleichswerte liefern, die es gestatten, auf das Verhalten des Baustoffes und der Einzelverbandteile Rückschlüsse zu ziehen. Einzelne Beanspruchungsarten, wie beispielsweise Zug oder Druck, kennen wir in ihrem Verlauf wohl genau und können bei bestimmten Werkstoffen die Zerreiß- und Fließgrenze bis auf wenige Kilogramm scharf angeben, dagegen ist bereits der Knick ein weit verwickelterer Vorgang und wird von außerordentlich vielen Begleitumständen beeinflußt. Sehr selten wird der Techniker den reinen Knickfall vorfinden, die Biegungsbeanspruchung ist fast immer die Folge und bewirkt ein unerwartet frühes Ausknicken des betreffenden Bauteiles. Daher die ungewöhnlich hohe Sicherheitszahl, die bei Untersuchung auf Knickfestigkeit in die Rechnung eingesetzt zu werden pflegt und unser Verantwortlichkeitsgefühl beruhigen muß. Da der physikalisch einwandfreie Knickfall sehr selten ist, kann niemand wissen, ob der Druckstab bis zur rechnungsmäßigen Last aushält, und jeder entwerfende Ingenieur ist auf die Knicksicherheitszahlen angewiesen, die nur zu oft die erforderliche Baustoffersparnis stark beeinträchtigen. Sobald reine, eindeutige Beanspruchungen nicht mehr vorliegen, beispielsweise Knick, Druck und Biegung oder Zug, Biegung, Verdrehung gemeinsam auftreten, gestalten sich alle Festigkeitsuntersuchungen außerordentlich schwierig, wenn es überhaupt noch gelingt, zu lösbaren Gleichungen und Ansätzen zu kommen. Lediglich die Erfahrung bleibt da der treue Bundesgenosse des Ingenieurs. Mit ihrer Hilfe und in Verfolg einschlägiger Versuche kann er jenen verwickelten Verhältnissen erfolgreich zu Leibe gehen. Seine Erfahrungsergebnisse werden ihm dann Fingerzeige für eine vereinfachte, aber auf Wirklichkeitsannahmen aufgebaute Rechnung geben.

Was die Festigkeitsuntersuchung von Schwimmdocks angeht, so begegnen wir hier tatsächlich zahlreichen Schwierigkeiten, die nur durch Annahmen, zu denen uns die Erfahrung berechtigt, behoben werden können.

Zwei Ursachen sind es — wenn wir von den Eigenspannungen des Docks selbst absehen —, welche die Beanspruchungen des Dockkörpers vor und während des Hebevorganges und nach erfolgter Hebung hervorrufen, der Wasserdruck, der auf den Bodenflächen und Seitenwänden des Docks lastet und die eingedockte Schiffslast. Die durch den Wasserdruck hervorgerufenen Beanspruchungen wirken zunächst unmittelbar auf die Blechhaut des Bauwerkes und werden im weiteren Verlauf auf die Bauteile des inneren Gerippes übertragen. Umgekehrt werden die durch die Schiffslast erzeugten Beanspruchungen von dem netzwerkartigen Innengerippe aufgenommen, für dessen parallel in bestimmtem, gleichem Abstande laufende Querträger und senkrecht zu diesen angeordnete versteifende Längsträger oder Längsschotte die Blechhaut eine Art Gurtung darstellt, und als solche an den Zug- und Druckbeanspruchungen teilnehmen muß, die durch das Biegemoment der Schiffslast hervorgerufen werden. Wie bei einem Schiffe, bei dem die Außenhaut ja in der gleichen Weise beansprucht wird und infolgedessen einen äußerst wichtigen Bauteil darstellt, müssen auch beim Dockbau die Abmessungen der Blechhaut sowohl in Rücksicht auf den Wasserdruck als auch bezüglich der Lastwirkungen bestimmt werden. Das hat zunächst einmal zur Folge, daß der Abstand der Querträger ein regelmäßiger und der dem Zusammenhalt dienenden Längsschotte und Längsversteifungen ein möglichst nicht sehr voneinander abweichender ist. An früherer Stelle (S. 38—39) sind wir aus anderen Gesichtspunkten heraus zur Wahl eines geeigneten Spantabstandes gelangt, der zum Teil aus der notwendigen Lastauflagerfläche und damit aus der Zahl der Stapelklötze, als auch aus der mittleren Entfernung der Schiffsspanten selbst sich dargelegt hat. Die Beanspruchung durch den äußeren Wasserdruck ist der dritte wichtige Gesichtspunkt dafür, der unter Beobachtung möglichster Wirtschaftlichkeit, das heißt Baustoffersparnis, uns zu ganz bestimmten Feldgrößen der Blechhaut führt.

Für diese Rechnung gibt es verschiedenartige Wege, aber streng mathematisch ist nur der Fall der kreisförmigen Scheibe zu behandeln, und auch hier nur unter gewissen Voraussetzungen. Staatsrat Dr.-Ing. Bach, der Altmeister unserer neueren Festigkeitsforschung und Festigkeitsuntersuchungen, sagt in seinem Buch „Elastizität und Festigkeit“[1]) auf S. 594 bezüglich der Widerstandsfähigkeit ebener Platten und Wandungen gegenüber einer gleichfömigen Belastung, insbesondere durch Flüssigkeitsdruck, oder gegenüber senkrecht zu ihnen wirkenden Einzelkräften, daß die Erörterung und Untersuchung auf eine der schwächsten Stellen der Elastizitäts- und Festigkeitslehre führe. Er fährt wörtlich fort: „Die zur Bestimmung der Inanspruchnahme rechteckiger Platten vorliegenden Angaben beruhen auf Entwicklungen, die zwar zunächst den streng wissenschaftlichen Weg einschlagen, sich jedoch im Verlaufe der Rechnung zu vereinfachenden Annahmen gezwungen sehen, welche die Zuverlässigkeit der Ergebnisse beeinträchtigen. Der zur Lösung der Aufgabe nötige Auf-

[1]) Bach, Elastizität und Festigkeit, Berlin, Springer, 7. Auflage.

wand an mathematischen Hilfsmitteln ist trotzdem und ganz abgesehen von der Umfänglichkeit der Rechnungen ein sehr bedeutender und geht recht erheblich über das Maß hinaus, das dem zwar wissenschaftlich gebildeten, jedoch mitten in der Ausführung stehenden Ingenieur durchschnittlich geläufig ist."

Bach ist diesem schwierigen Stoff mit Hilfe von geeigneten Versuchen zu Leibe gegangen, er hat einen Näherungsweg eingeschlagen, der darauf hinausläuft, die schwierige Untersuchung auf einfachere Biegungsaufgaben zurückzuführen unter Verwendung von Berichtigungszahlen, die aus den Versuchen bestimmt worden sind. Noch viele andere — Ingenieure sowohl wie reine Wissenschaftler — haben sich mit diesem zähen Stoff befaßt und gelangen zu mehr oder minder glücklichen Ergebnissen und Berechnungsformen. Auch bei ihnen spielen die Voraussetzungen, wie die Art der Auflagerung und Einspannung und die Vereinfachungen der Rechnung eine große Rolle, weshalb die Ergebnisse denn auch ziemlich voneinander abweichen.

Eine der älteren Untersuchungen ist die von Grashof[1]). Seine Arbeiten haben teilweise den Bachschen Berechnungen zugrunde gelegen und sind in die Ergebnisse mit hineingearbeitet. Die Untersuchung der elliptischen Platte mit dem Ergebnis, daß die größte Anstrengung im Mittelpunkt in Richtung der kleinen Achse stattfindet, kann ohne weiteres auch auf die rechteckige Platte Anwendung finden. Auch bei der rechteckigen, freiaufliegenden Platte haben wir die größte Inanspruchnahme in der Mitte in Richtung der kleinen Seite b. Die Bruchlinie verläuft inmitten der Platte, also parallel der langen Seite. Nach außen wird sie Neigung haben, sich in die Richtung einer der Diagonalen einzustellen (Abb. 22).

Die Versuche haben das klar bestätigt, Bach findet für eine rechteckige, s cm dicke Platte mit den Seitenlängen a und b, auf dem Umfang $2 \cdot (a + b)$ frei aufliegend und durch den Flüssigkeitsdruck p kg/cm² belastet[2]):

$$s \gtrless \frac{a \cdot b}{\sqrt{a^2 + b^2}} \cdot \sqrt{\frac{\mu \cdot p}{2 k_b}} \tag{1}$$

oder

$$k_b = \frac{p \cdot \mu}{2 s^2} \cdot \frac{a^2 b^2}{a^2 + b^2}. \tag{1a}$$

Bei näherer Betrachtung des Ausdruckes $\frac{a \cdot b}{\sqrt{a^2 + b^2}}$ ergibt sich, daß er der Strecke c in der Abb. 23 entspricht und sich in einfacher Weise bestimmt:

$$p + q = d = \sqrt{a^2 + b^2}$$
$$q = \sqrt{h^2 - c^2}$$
$$p = \sqrt{a^2 - c^2}$$
$$p + q = d = \sqrt{a^2 - c^2} + \sqrt{b^2 - c^2} = \sqrt{a^2 + b^2}$$
$$c^4 = (b^2 - c^2) \cdot (a^2 - c^2)$$
$$c = \frac{a \cdot b}{\sqrt{a^2 + b^2}}.$$

[1]) Grashof, Theorie der Elastizität und Festigkeit, Berlin 1878.

[2]) Auch Föppl, Vorlesungen über technische Mechanik, bringt in Teil 47 seiner Festigkeitslehre die Ableitung für Gl. 1.

und damit

$$k_b = p \cdot \left(\frac{c}{s}\right)^2 \cdot \frac{\mu}{2}. \tag{2}$$

Da sonst auf der rechten Seite der Gleichung (1) nur noch Festwerte, und zwar μ, eine durch Versuche gefundene Berichtigungszahl, p, der gegebene Flüssigkeitsdruck, und k_b, die Biegungsbeanspruchung, auftreten, ergibt sich, daß die Größe c

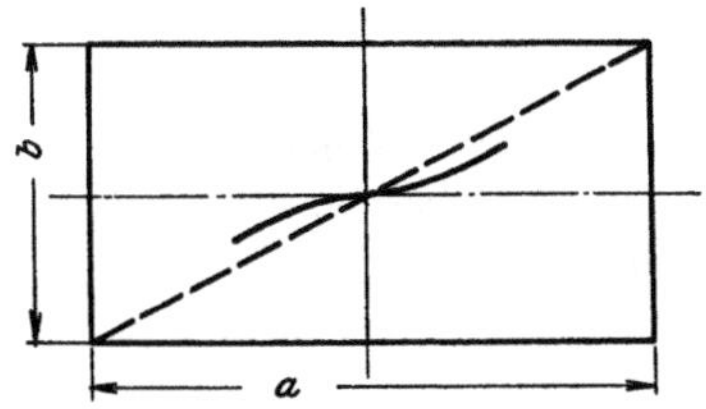

Abb. 22.

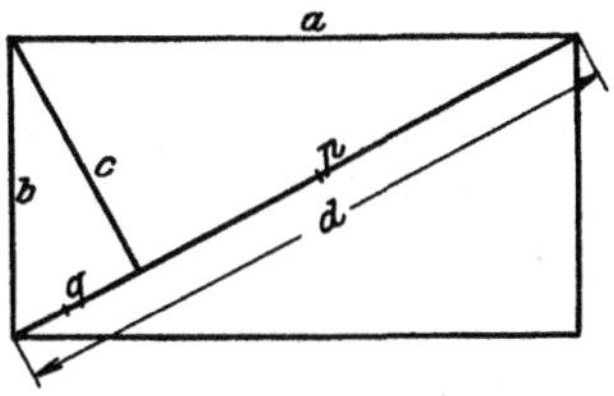

Abb. 23.

bestimmend für die Plattendicke ist. Die Zahl μ ändert sich, je nachdem, ob die Platte frei aufliegt oder sich dem Zustand des Eingespanntseins nähert, nach Versuchen Bachs von 1,12—0,75.

Forchheimer[1]), der zur Grundlage seiner Untersuchung über rechteckige Platten die Annahme macht, daß die belastete Platte an zwei gegenüberliegenden Rändern aufliegt und zwei Fälle unterscheidet, derart, daß das belastete Flächenstück um seine beiden unverrückbaren Auflagerseiten reibungslos dreht und infolgedessen an diesen Stellen die Momente gleich Null werden (Abb. 24b), oder daß die beiden Ränder fest eingeklemmt sind und nicht wippen können (Abb. 24c), geht von der Gleichung der elastischen Linie des durchgebogenen Blechstreifens aus, Gleichung (3), worin β eine Berichtigungszahl für die Querzusammenziehung ist.

$$\frac{d^2y}{dx^2} = \frac{M_x}{J \cdot E \cdot (1+\beta^2)}. \tag{3}$$

Für das Moment M_x gibt Forchheimer die Gleichung (4), zu deren Verständnis die Abb. 24a dienen möge:

$$M_x = \frac{p \cdot l^2}{2} - \frac{p \cdot x^2}{2} + M_l + S y. \tag{4}$$

Nach Einführung einer Hilfsgröße

$$w = \sqrt{\frac{S}{J \cdot E \cdot (1+\beta^2)}} \tag{5}$$

und Ausführung der Integration erhält er als allgemeine Gleichung der elastischen Linie des Blechstreifens:

$$y = \frac{e^{wx} + e^{-wx}}{e^{wl} - e^{-wl}} \cdot \left(\frac{M_l}{S} - \frac{p}{S w^2}\right) - p \cdot \frac{l^2 - x^2}{2S} + \frac{p}{S w^2} - \frac{M_l}{S} \tag{6}$$

oder

$$y = \left[\frac{p}{S w^2} - \frac{M_l}{S}\right] \cdot \left[1 - \frac{e^{wx} + e^{-wx}}{e^{wl} - e^{-wl}}\right] - \frac{p \cdot (l^2 - x^2)}{2\,S}. \tag{6a}$$

[1]) Forchheimer, Berechnung ebener und gekrümmter Behälterböden, Sonderdruck aus der Zeitschrift für Bauwesen 1894, Berlin 1909, Verlag Ernst und Sohn.

Von der Wiedergabe der Umformungen und Rechnungen hinsichtlich der angezogenen beiden Fälle (vgl. Abb. 24b und 24c) kann hier abgesehen werden. Es genügt zu sagen, daß die größte Spannung beträgt für den Fall 24a:

$$\sigma_{max} = \frac{S}{s} + \frac{6 \cdot M_o}{s^2} \tag{7}$$

und für 24b:

$$\sigma_{max} = \frac{S}{s} + \frac{6 \cdot M_l}{s^2} . \tag{8}$$

S ist in beiden Ausdrücken gleich der horizontalen Zugspannung an den Auflagerstellen, hervorgerufen durch die Dehnung des belasteten Streifens, und beträgt:

$$S = \frac{l' - l}{l} \cdot E \cdot (1 + \beta^2) \cdot s. \tag{9}$$

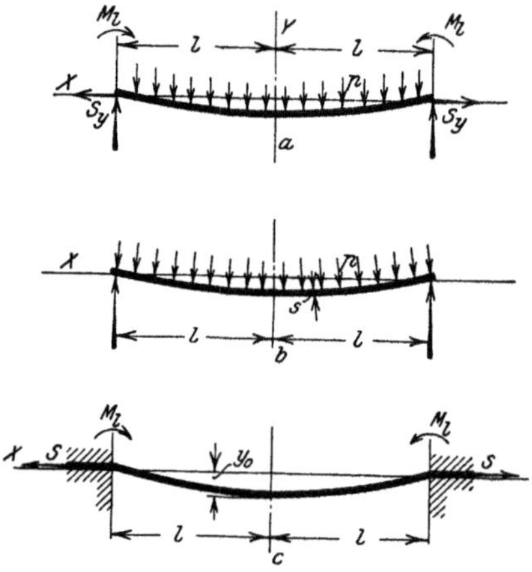
Abb. 24.

s ist gleich der Dicke des Streifens und M das biegende Moment. Den größten Wert erreicht es in dem einen Fall in der Mitte der Platte für $x = 0$, daher erscheint es in Gleichung (7) als M_o, und im zweiten Fall an der Auflagerstelle $x = l$.

Die von Forchheimer seiner Rechnung zugrunde gelegten Annahmen genügen wenig den wirklichen Verhältnissen bei einer Schiffs- oder Dockblechhaut, und seine Berechnungsart hat sich daher im Schiffbau nicht Eingang verschaffen können.

Deshalb hat es Muth[1]) unternommen, die Forchheimerschen Betrachtungen so zu erweitern, daß der Auflagerfall auf allen vier Kanten gegeben ist. Der Rechnungsgang ist im wesentlichen der gleiche wie bei Forchheimer, und auch die Endformen für die Spannung σ sind die gleichen, nur für die Momente, die die Durchbiegung bewirken, kommt er zu anderen Ausdrücken. Das Ergebnis ist, daß wir bei Anwendung der Berechnungsformen von Muth zu etwas günstigeren Spannungen kommen als bei Forchheimer.

Es sei dann noch auf Professor Hagers[2]) Arbeiten hingewiesen, deren Ergebnisse insofern sehr lehrreiche sind, als sie einen Überblick über die Spannungsverteilung innerhalb der belasteten und allseitig eingespannten Platte gewähren. Die Berechnungsform Hagers für die größte Spannung läßt sich auf die gleiche Form bringen, wie sie die Bachsche Gleichung (2) zeigt, nämlich:

$$\sigma = p \cdot \frac{b^2}{s^2} \cdot C. \tag{10}$$

[1]) Muth, Die Berechnung der Blechhaut eines Schwimmdocks, Schiffbau XIV, S. 130 u. f.
[2]) Hager, Berechnung ebener, rechteckiger Platten mittels trigonometrischer Reihen, Verlag Oldenbourg, 1911.

Über C, bezogen auf die größte Spannung, gibt eine Zusammenstellung Aufschluß, die sich außer in Hagers Veröffentlichung auch in einer Arbeit von Kammer[1]) findet.

Seitenverhältnis $b:a$	1 : 1	1 : 1,25	1 : 1,5	1 : 2	1 : 3	1 : 4
Berichtigungszahl C	0,30	0,41	0,47	0,54	1,03	1,44

An Stelle der Größe c [vgl. Gl. (2)] haben wir hier b, die kurze Seite der Platte, und in der Zahl C tritt dann das Seitenverhältnis $a = \lambda \cdot b$ in Erscheinung. Auch die Bachsche Form läßt sich naturgemäß so schreiben und lautet dann:

$$k_b = p \cdot \left(\frac{b}{s}\right)^2 \cdot \frac{\mu \cdot \lambda^2}{2 \cdot (\lambda 2^2 + 1)}, \tag{11}$$

Für $\mu = 0{,}75$ würden wir nach Bach dem Zustande des Eingespanntseins nahekommen, aber der Ausdruck $\frac{\mu \cdot \lambda^2}{(2 \cdot \lambda^2 + 1)}$ würde noch nicht gleich dem Hagerschen C sein.

Alle diese Untersuchungen bestätigen uns, was Bach über die Festigkeitsrechnungen ebener Platten ausgesprochen hat, daß sie in ein schwer zu durchforschendes Gebiet führen, und daß ein außerordentlich starkes mathematisches Rüstzeug erforderlich ist, wenn der theoretisch-wissenschaftliche Weg eingeschlagen werden soll, ja, daß selbst dann ohne vereinfachende Annahmen und Voraussetzungen nicht auszukommen ist. Alle „Formeln“ sind schließlich brauchbar, wenn nur die entsprechenden Berichtigungszahlen eingeführt werden, und diese Zahlen können bezüglich der allseitig eingespannten rechteckigen Platte nur durch geeignete Versuche gefunden werden. Die Berechnungsform selbst kann eine sehr einfache sein, die Tatsache und die Art der Veränderlichkeit der Berichtigungszahl ist das bestimmende und ausschlaggebende. Einschlägige und genügend zahlreiche Versuche werden uns das Gesetz für die Veränderlichkeit solcher „Koeffizienten“ einwandfrei genug zeigen (mindestens für einen begrenzten Bereich), und dem schaffenden Ingenieur wird das vollauf genügen, wenngleich auch der Wissenschaftler nicht ruhen darf, um aufbauend auf den Ingenieurversuchen auch theoretische Erkenntnis zu erlangen.

Alle theoretischen Untersuchungen jedenfalls helfen dem Ingenieur nicht, solange seine Erfahrung ihn nicht von dem Mißtrauen befreit, in unbekannte Gebiete zu gelangen, aus denen er nicht mehr herausfindet, wenn er ihnen folgt. Der Schiffbauer braucht Versuche mit wirklich fest eingespannten Platten, da nur dann den wirklichen Verhältnissen (durchlaufende Platten) am meisten Rechnung getragen wird. So sind denn auch auf den ersten Versuchen Bachs andere aufgebaut worden, und Bach selbst hat in der Zeitschrift Deutscher Ingenieure[2]) Versuchsergebnisse veröffentlicht, denen wirklich fest eingespannte quadratische Platten zugrunde gelegen haben. Schon vorher hatte auch das Reichsmarineamt solche Versuche vornehmen und die Ergebnisse zusammen-

---

[1]) Schiffbau XIV, S. 239.
[2]) Z. d. V. d. I. 1908, Nr. 45 und 47.

stellen lassen. Es wurden einige quadratische und rechteckige Platten von verschiedenem Seitenverhältnis untersucht, und die Übereinstimmung mit den späteren Bachschen Ergebnissen ist recht gut gewesen. Der leider so früh verstorbene Marineschiffbaumeister Pietzker kommt in seinem Buch[1]) über Festigkeit im vierten Abschnitt auch auf jene Versuche des Reichsmarineamtes zu sprechen und weist auf Überlegungen hin, die ihre volle Bestätigung gefunden haben. Ausgehend von einer eingespannten rechteckigen Platte mit zwei kurzen Seiten b und zwei unendlich langen Seiten a, an denen naturgemäß die größten Spannungen auftreten, und nach dem einfachen Bilde des eingepannten Balkens, für den das Biegemoment, das an der Einspannstelle $\frac{p \cdot b^2}{24}$, in der Mitte $\frac{p \cdot b^2}{12}$ beträgt, auf der ganzen Länge gleich groß ist, kommt er zu der Beziehung:

$$\sigma = \frac{M}{W} = \frac{p \cdot b^2}{12} \cdot \frac{6}{s^2} = 0{,}5 \cdot p \cdot \left(\frac{b}{s}\right)^2. \tag{12}$$

Die Form ist uns vertraut, nur die Berichtigungszahl fehlt uns noch. Aus dem Rechteck mit einer unendlich langen Seite geht er nun stufenweise zu Recht-

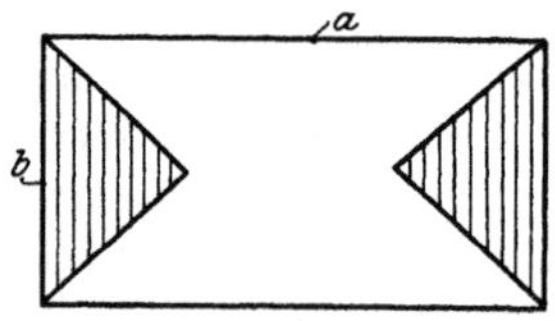

Abb. 25.

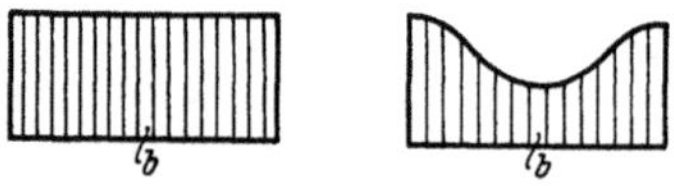

Abb. 26.

ecken mit immer kürzer werdender Seite a über. Dann bleibt fürs erste die Spannung in der Mitte der langen Seite noch unverändert, und die kurzen Seiten b äußern ihren Einfluß zunächst nur in den ihnen benachbarten Teilen, und zwar sicherlich in der Form, daß sie eine stützende Wirkung dreieckförmig vorschieben, Abb. 25, und die dicht neben ihnen liegenden Streifen in der Mitte entlasten.

Die beeinflußten Teile erhalten also quer herüber statt einer gleichförmigen Belastung (Ab. 26a) eine solche etwa nach Abb. 26b. Das bedeutet eine Entlastung besonders in dem Sinne, daß das Biegemoment in der Mitte mehr verkleinert wird als das an der Einspannstelle.

Bei genügender Verkürzung der langen Rechteckseiten werden die beiden Einflußzonen der kurzen Seiten sich erreichen, und auch für einen Streifen in der Mitte der langen Seite wird eine Belastung nach Abb. 26b eintreten. Fest eingespannte Platten werden also zweifellos an den Einspannstellen am meisten beansprucht, und ein Bruch wird gegebenfalls an den Einspannseiten erfolgen, und nicht mehr wie bei den ersten Versuchen Bachs nach Abb. 22. In der Tat haben die Versuche des Reichsmarineamtes und die späteren Untersuchungen Bachs volle Bestätigung jener Überlegungen gebracht und lassen sogar eine angenäherte, zahlenmäßige Festsetzung des Einflusses der verschiedenen Seiten-

[1]) Pietzker, Festigkeit der Schiffe, Berlin 1914.

länge zu. Pietzker betont ausdrücklich, daß die Versuche keine einwandfreie Theorie und völlig genaue Zahlen liefern, daß aber dem praktischen Bedürfnis durchaus genügt werden könne. Er schließt seine Betrachtungen folgendermaßen:

1. Die größte Beanspruchung tritt in der Mitte der Einspannkante der langen Seite auf, die Beanspruchung in der Mitte der Platte ist kleiner als halb so groß.
2. Bei Rechtecken mit einem Seitenverhältnis $b : a$ von über 1 : 3 bleibt die größte Beanspruchung ebenso, als wenn die kurzen Seiten nicht vorhanden wären.
3. Bei Rechtecken mit einem Seitenverhältnis $b : a$ unter 1 : 3 muß das Biegemoment mit einer Berichtigungszahl multipliziert werden etwa nach folgender Aufstellung:

Seitenverhältnis $b : a$.	1 : 2,5	1 : 2	1 : 1,8	1 : 1,6	1 : 1,4	1 : 1,2	1 : 1
Berichtigungszahl . . .	0,99	0,96	0,94	0,91	0,86	0,79	0,64

4. Die Beanspruchung an den anderen Stellen der Einspannkanten entspricht etwa der Abb. 27. Um die größte Beanspruchung in der Mitte der kurzen Seite zu erhalten, muß das Biegemoment $\frac{p \cdot a^2}{12}$ mit einer Zahl multipliziert werden, die sich aus der Zusammenstellung ergibt:

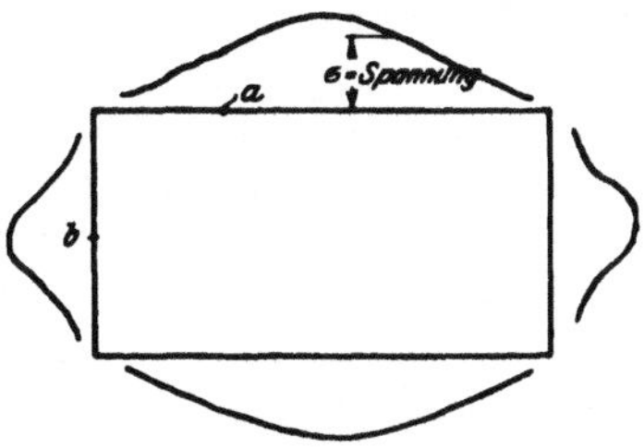

Abb. 27.

Seitenverhältnis $b : a$.	1 : 2,5	1 : 2	1 : 1,8	1 : 1,6	1 : 1,4	1 : 1,2	1 : 1
Berichtigungszahl . . .	0,03	0,06	0,09	0,14	0,22	0.38	0,64

5. Zweifelhaft ist vorläufig die Beanspruchung in den Ecken der Platte, anscheinend tritt an diesen Stellen eine Umkehrung der Biegungsrichtung ein, und die belastete Platte hat das Bestreben, sich in den Ecken hochzubiegen.

Bringen wir nun unter Ausschaltung der weniger einfachen Berechnungsformen, die von Forchheimer und Muth angegeben sind, die kaum angewandt werden und sich auch nicht unmittelbar mit den anderen in Übereinstimmung bringen lassen, die Gleichungen Bachs, Hagers und Pietzkers auf eine gemeinsame Form:

$$\sigma = p \cdot \left(\frac{b}{s}\right)^2 \cdot \varphi, \tag{13}$$

so können wir φ_B, φ_H, φ_P unterscheiden entsprechend den Berichtigungszahlen von Bach, Hager und Pietzker.

Die folgende Zusammenstellung ermöglicht uns den Vergleich und zeigt, daß die von Pietzker gegebenen Berichtigungszahlen bei den sich der quadratischen Form nähernden rechteckigen Platten den Hagerschen Zahlen, bei den Platten mit größerem Seitenverhältnis den φ-Werten Bachs nahekommen. Umgekehrt scheinen die unteren Zahlen der Bachschen und die oberen der Hagerschen Reihe wenig zuverlässig und sind infolge der Versuche des Reichsmarineamtes auszuschalten:

$b:a$	1 : 3	1 : 2,5	1 : 2	1 : 1,8	1 : 1,6	1 : 1,4	1 : 1,2	1 : 1
φ_B	0,34	0,32	0,30	0,29	0,27	0,25	0,23	0,19
φ_H	1,03	0,79	0,54	0,51	0,48	0,45	0,45	0,30
φ_P	0,50	0,49	0,48	0,47	0,45	0,43	0,38	0,32

Die Anwendung des φ_P wird Werte liefern, die dem praktischen Bedürfnis durchaus genügen, um so mehr als wir ohnehin zu den errechneten Blechdicken Zuschläge wegen der Abnutzung und des Abrostens zu machen haben. Die allgemeine Anwendung dieser einfachen, durch Versuche befestigten Berechnungsform würde auch der Forderung der Vereinheitlichung entsprechen.

Die aus der eingedockten Schiffslast herrührenden Beanspruchungen unterteilen wir zweckmäßig in Queranstrengungen, die durch das mehr oder weniger enge Spantenwerk, und Längsanstrengungen, die durch die senkrecht dazu verlaufenden Längsträger und Seitenwände des Docks aufgenommen und verteilt werden. Infolge der Eigenart der Belastung, die durch die spiegelgleich zur Dockmittellinie angeordneten, von oben wirkenden Eigengewichte und Nutzlasten und den gleichförmig von unten wirkenden Wasserdruck gegeben ist, stellen die Querträger einseitig eingespannte Balken dar, für welche die Dockmitte die Einspannstelle ist. Beim einseitig eingespannten Träger erreicht das Biegemoment den größten Wert an der Einspannstelle, hier wird unser Querträger also am festesten sein müssen. Ob die Einspannstelle in der Mitte des Docks durch ein Schott — das Mittellängsschott oder Königsschott — oder ob sie durch zwei in bestimmtem Abstand nebeneinander laufende Längswände gebildet wird, die bei Anwendung zweireihiger Stapelung von besonderem Nutzen sein können, bleibt gleichgültig. Verfasser hat an früherer Stelle, vgl. Abb. 18 und die zugehörigen Erläuterungen, das doppelte Mittelschott vorgeschlagen aus Rücksicht auf die Ballastwasseranordnung (Vorteile eines mittleren Luftraumes für die Querstabilität, Verringerung der Pumparbeit usw.) und hat dabei bereits Festigkeitsfragen im Auge gehabt. Die zwei nebeneinander laufenden Mittelschotte bilden mit dem mittleren Stück des Dockdecks und Dockbodens und den inneren rahmenartigen Versteifungen einen kräftigen Kasten, der außerordentlich gut geeignet ist, Ungleichheiten der Schiffslast vermöge seiner eigenen großen Quer- und Längsfestigkeit auszugleichen und an die angeschlossenen Gitterquerträger Kräfte weitergibt, die für benachbarte Bereiche nur unwesentlich voneinander abweichen. Bei nur einem Mittellängsschott wird dies nicht im selben Maß erreicht werden, und wenn wir eine genauere Berechnung der Querfestigkeit durchführen wollen, so werden wir auf die statische Unbestimmtheit des netzartigen Gerippes eine weit größere Rücksicht zu nehmen haben. Wissenschaftliche Berechnungswege und die von Statikern angegebenen Berechnungsarten tun dies meistens in ausgedehntem Maße.

Wenn wir von dem Forchheimerschen Verfahren[1]) absehen, das aus der ersten Entwicklungszeit der Docks stammt und auf Annahmen aufbaut, die allenfalls gemacht werden können, wenn ganz kleine Schiffe und ganz kleine Docks in Behandlung stehen, wenn wir ferner auch von den Vorschlägen absehen, die auf Forchheimerscher Grundlage weiterbauend beispielsweise Muth[2]) gemacht hat, um das Verfahren für große und größte Docks verwendbar zu machen und dabei notgedrungen umständliche Rechnungen in Kauf nimmt, so bleibt uns als einzige, ausschließlich die Festigkeit von Schwimmdocks behandelnde Veröffentlichung die Arbeit von Karner[3]), die bereits an früherer Stelle mehrmals angezogen ist. In sehr schöner Weise und außerordentlich umfassend behandelt dort Karner die Frage der Dockfestigkeit und weist uns Wege, wie man mit der Berechnung von Docks fertig werden und doch den wahrscheinlichen Verhältnissen und den Forderungen des Statikers Rechnung tragen kann. Ausgehend von dem Umstand, daß aus dem statisch bestimmten Hauptsystem — Königsschott mit den daran ansetzenden Querträgern — des Bodenteiles durch die parallel zum Mittellängsschott laufenden Seitenschotte und Seitenträger ein statisch unbestimmtes System hervorgeht, gelangt er zu der Aufstellung der Elastizitätsgleichungen für die statisch unbestimmten Größen, die an den Kreuzungspunkten der Quer- und Längsträger eben durch die steifen Längsverbände auftreten. Er entwickelt sodann Berechnungsausdrücke zur Feststellung der Durchbiegung des Königsschottes und der Querträger unter Berücksichtigung aller nur erdenklichen Belastungen und bringt für sein Verfahren schließlich noch einige Ausführungsbeispiele. Eine bessere Erfassung der schwierigen und verwickelten Beanspruchungen des Dockkörpers, wie sie Karner vorführt, dürfte wohl kaum möglich sein, höchstens bliebe noch die Frage zu untersuchen, wie die Seitenkasten unter dem Einfluß der Bodenkastenbeanspruchungen sich verhalten, wie sie sich in horizontaler Richtung durchbiegen, und welchen Einfluß diese Durchbiegung wiederum auf Längsfestigkeit und Längsdurchbiegung ausübt. Doch das sind Fragen, deren Untersuchung und Beantwortung die gesteckten Grenzen der vorliegenden Arbeit überschreiten würde. Worauf es an dieser Stelle ankommt, ist festzustellen, welche hochwertigen Verfahren es für die Festigkeitsberechnungen der Docks gibt und zu prüfen, ob man in der Praxis auch mit einfacheren Mitteln zum Ziele gelangt. Denn das muß unser Standpunkt sein, daß durch wissenschaftliche Untersuchung und technische Forschung unablässig Klarheit zu schaffen ist, daß aber der ausführende Ingenieur mit möglichst einfachen Mitteln zu arbeiten habe. Es gibt in der Praxis ohnehin genügend

[1]) Forchheimer, Verfahren zur Berechnung von Schwimmdocks, Berlin 1892, Verlag Ernst Sohn.
[2]) Muth, Schwimmdockberechnung, Schiffbau XIII, S. 595/600.
[3]) Karner, Die statische Berechnung von Schwimmdocks und ähnlichen Eisenwasserbauten, Der Eisenbau XI, Heft 1, 2.

Schwierigkeiten zu überwinden, die die ganze Kraft des schaffenden Ingenieurs verlangen, Aufgabe der technischen Wissenschaft muß es sein, Wegweiser- und Ratgeberdienste für ihn zu leisten. Sind die gewiesenen Wege klar und gut begehbar, so wird man sie draußen in Kürze beschreiten, sind sie gewunden und schwierig, so werden sie gemieden oder auf Grund eigener Erfahrung abgeändert werden (Faustformeln). Was den Schiffbau anbetrifft, so hat man sich lange nicht entschließen können, von den Brückenbauern und Eisenhochbauleuten zu lernen. So peinlich genau wie der Statiker beim Brückenbau rechnen kann und auch rechnen muß, wird es leider der Schiffbauer bei seinen Bauwerken niemals können, weil seine Entwürfe auf Annahmen fußen, die notwendigerweise Ungenauigkeiten in sich bergen, und die infolgedessen ein feineres Verfahren für die spätere Rechnung nicht rechtfertigen. Überall da jedoch, wo es gelingt, die Entwurfsvoraussetzungen so fest zu umgrenzen, daß eine Unsicherheit der Annahmen ausgeschaltet wird, kann auch der Schiffbauer zu einer Verfeinerung seines Berechnungsverfahrens schreiten. Wo er die Möglichkeit hatte, dies zu tun, ist es nie zu seinem Nachteil gewesen, wie beispielsweise die Folgen der überaus wichtigen Untersuchungen der Schleppversuchsanstalten es uns zeigen. In zahlreichen Fällen aber überzeugt die „rauhe“ Wirklichkeit den Schiffbauer von der Unzulänglichkeit „genauer“ Rechnungen, wie jeder weiß, dessen Aufgabe es war, z. B. Gewichts- und Schwerpunktsrechnungen für neuzeitige. große Schiffsentwürfe zu machen, und der späterhin erkennen mußte, sei es durch Krängungsversuche, sei es selbst ohne besondere Vorrichtungen, wie wenig zuverlässig die sorgfältig erwogenen und geprüften Grundlagen, einer Rechnung waren. Auch die Festigkeitsrechnung schwimmender Bauwerke birgt ihre Schwierigkeiten, und wenn auch Karner als Statiker uns in seiner „Statischen Berechnung von Schwimmdocks und ähnlichen Eisenwasserbauten“ einen klaren und durchaus beschreitbaren Weg vorzeichnet, der Schiffbauer fühlt, daß die Wirklichkeit die sorgfältige Rechnung stark beeinflussen wird. Es ist nicht möglich, vorher in der Rechnung für die Längs- und Querfestigkeit eines Schwimmdocks alle die Verhältnisse so scharf zu fassen, wie sie uns der Betrieb späterhin in unerwarteter Fülle und bunter Mannigfaltigkeit bringt. Wie uns die Abb. 28 zeigen mag, ist schon die Gewichtsverteilung bei einem beschädigten Schiff nicht vorauszusagen, und wenn, wie in diesem Fall, der Kiel des Schiffes infolge der Beschädigung keine gerade Flucht mehr hat, kann der Druck auf den einzelnen Stapel vollends unberechenbar werden und damit alle sorgfältigen Rechnungen hinsichtlich der Querfestigkeit zunichte machen.

Auch die Abb. 29 gibt Zeugnis davon, was von einem Dock unter Umständen verlangt werden kann. Das Achterschiff hat sich vor dem Zusammenziehen in etwa 5—6 m Abstand vom Vorschiff befunden, auf einer Strecke von rund 20 Spantentfernungen war das Dock so gut wie unbelastet.

Diese Beispiele mögen genügen. Sie zeigen uns, daß oft Grobarbeit verlangt werden muß, für welche Feinrechnungen nicht zugeschnitten sind. Verfeinerte Rechnungsverfahren können und müssen angewendet werden, wenn für ganz bestimmte Fälle mit genauen Berechnungsgrundlagen bestimmte Einwirkungen untersucht werden sollen, oder das fertige Dock in seinem elastischen Verhalten geprüft wird, um für spätere Bauten genaue Entwurfsunterlagen zu schaffen.

Abb. 28.

Abb. 29.
Havarierte Torpedoboote im Dock.

Anmerkung. Abb. 28 und 29 stammen aus der Bildersammlung des Verfassers während seiner Tätigkeit als Betriebsdirigent auf den Werften des Marinekorps und zeigen (Abb. 28) einen durch Mine beschädigten Zerstörer, dessen Vorschiff sich infolge der Detonation nach unten gesenkt hat, und dessen Kiel auf etwa 14 Spantentfernungen zerdrückt ist, und Abb. 29 ein Führerschiff, an dessen gerettetes Vorschiff ein neues, auf der Ostender Werft unter bedeutenden Schwierigkeiten erbautes, etwa 20 m langes Achterschiff herangeschoben werden soll. Der Zusammenbau ist in einem etwa 100 m langen Dock bewerkstelligt, nachdem die beiden Schiffsstücke sorgfältig ausgerichtet in angemessenem Abstand eingedockt worden waren.

Für den Entwurf im allgemeinen genügen gröbere Verfahren, wie sie die Docks betreffend fast ausschließlich und besonders auf Schiffswerften im Gebrauch sind.

Für die Bestimmung der Querfestigkeit wird ein Querträger untersucht und alles, was an äußeren Kräften im wahrscheinlichen Höchstfall auf ihn wirksam, wird bestimmt. Dabei wird gewöhnlich angenommen, daß die Schiffslast gleichmäßig über einen mittleren Teil des Schiffes sich erstrecke und nach den Enden hin abnehme, oder auch an den Enden gleichmäßig verteilt, aber geringer als in der Mitte sei, daß ferner das Schiff genügende Eigenfestigkeit besitze, um Unterschiede in der Gewichtsverteilung selbst in gewissem Grade auszugleichen. Ganz sicher trifft das bei großen Schiffen zu, die ja in der Längsrichtung ein außerordentlich hohes Widerstandsmoment besitzen. Jeder Querträger erhält also eine Last, die für ausgedehnte Bereiche von der des Nachbarträgers kaum oder nur in sehr geringem Maße abweicht. Wird der mittlere Teil des Bodenkastens zudem in der früher vorgeschlagenen Weise in Form eines steifen, durchlaufenden Kastens ausgebildet, so gleicht dieser steife Mittelträger noch selbst größere Lastenunterschiede, wie sie bei Fortnahme einzelner Stapel entstehen, fast völlig aus und gibt an die seitlich angeschlossenen Querträger Belastungen ab, die nennenswerte Verschiedenheiten nicht aufweisen. Die Stabbeanspruchungen des Gitterträgers werden mit Hilfe eines Cremonaplanes oder auf analytischem Wege mit Hilfe der errechneten Momente bestimmt und die Baustoffabmessungen festgelegt im Zusammenhang mit den durch den äußeren Wasserdruck hervorgerufenen Beanspruchungen.

Jeder, die Querbeanspruchungen aufnehmende und übertragende Querträger gibt dann an die Seitenkästen des Docks diejenige Kraft ab — sie mag nach oben oder nach unten wirken — die nötig ist, um Gleichgewicht unter den übrigen äußeren Kräften eines Querträgers herzustellen. Diese an den Seitenkästen des Docks wirkenden Ausgleichkräfte — sie sind in der Regel im mittleren Teil des Docks abwärts wirkend — rufen die Längsbeanspruchungen hervor, die nun in der dem Schiffbauer vertrauten Weise ermittelt werden dadurch, daß aus der Lastdifferenzenkurve die Scheerkraftkurve und aus dieser die Momentenkurve bestimmt wird. Wir sind danach in der Lage, das Widerstandsmoment der Seitenkasten entsprechend dem jeweiligen Biegemoment zu bemessen und, soweit es die Rücksicht auf die Wasserdruckbeanspruchungen zuläßt, die Baustoffabmessungen nach den Enden des Docks hin zu verringern. Neben diesen beiden Hauptrechnungen für die Quer- und Längsrichtung gehen zahlreiche Einzeluntersuchungen, veranlaßt durch örtliche Einwirkungen und Verschiedenheiten des Baues.

Schlußwort.

In einer Zeit, in der die Normungsbestrebungen ganz besonders die deutsche Technikerschaft in Atem halten und bereits die Erkenntnis bewirkt haben, daß auf fast allen Gebieten vereinheitlicht werden kann und auf vielen vereinheitlicht werden muß, wenn der wirtschaftliche Kampf unter den schwer auf uns lastenden Verhältnissen nicht von vornherein ein aussichtsloser sein soll, wird auch der Gedanke einer Vereinheitlichung der Schwimmdocks bezüglich ihrer Größenabstufung, ihrer Bauart und ihrer Abmessungen, ihrer Einrichtung und einer großen Zahl von Ausrüstungsstücken, der Vorschlag einer gewissen Vereinheitlichung und Vereinfachung ihrer Berechnung nicht ohne weiteres von der Hand zu weisen sein. Es ist sogar anzunehmen, daß der Handelsschiffnormenausschuß nicht an der Frage vorbeigehen wird, vorausgesetzt, daß ihm bci der Fülle von anderen Aufgaben die Möglichkeit der Bearbeitung bleibt. Aber vielleicht stellt die vorliegende, soeben abgeschlossene Arbeit eine Art Baustein dar, der mit Vorteil verwendet werden kann, wenn an den Ausbau dieser Frage herangegangen wird. Wenn wir es nicht selbst schon gewußt hätten, daß ein ausreichender Schwimmdockpark für unsere Schiffbauindustrie und für unsere Schiffahrt eine Lebensnotwendigkeit ist, so hätten die englischen Auslieferungbedingungen, die der Ausgangspunkt für diese Arbeit gewesen sind, uns jene Erkenntnis in deutlichster Weise vermittelt. Der bald fühlbar werdende Mangel an Schwimmdocks wird uns notwendigerweise dazu bringen neue zu bauen, und da wir die Wirtschaftlichkeit dabei gezwungenermaßen nicht außer acht lassen dürfen, werden wir zur Vereinheitlichung gelangen. Die Vereinheitlichung ist die Schwester der Wirtschaftlichkeit!

Anhang zum Teil: Festigkeitsrechnung.

Bachs Gleichung für die Plattendicke:

$$s \gtreqless \frac{a \cdot b}{\sqrt{a^2 + b^2}} \cdot \sqrt{\frac{\mu \cdot p}{2 k_b}} \,. \tag{1}$$

Dieselbe, nach *kb* aufgelöst:

$$k_b = \frac{p \cdot \mu}{2 s^2} \cdot \frac{a^2 \cdot b^2}{a^2 + b^2} \,. \tag{1a}$$

Für $\frac{a^2 \cdot b^2}{a^2 + b^2}$ wird c gesetzt:

$$k_b = p \cdot \frac{c^2}{s^2} \cdot \frac{\mu}{2} \,. \tag{2}$$

Forchheimers Gleichung für die Durchbiegung eines Blechstreifens:

$$\frac{d^2 y}{dx^2} = \frac{M_x}{J \cdot E\,(1 + \beta^2)} \,. \tag{3}$$

Forchheimers Gleichung für das Moment M_x:

$$M_x = \frac{p \cdot l^2}{2} - \frac{p \cdot x^2}{2} + M_l + S_y \,. \tag{4}$$

Hilfsgröße:

$$w = \sqrt{\frac{S}{J \cdot E \cdot (1 + \beta^2)}} \,. \tag{5}$$

Forchheimers Gleichung für die elastische Linie des Plattenstreifens:

$$y = \frac{e^{wx} + e^{-wx}}{e^{wl} - e^{-wl}} \cdot \left(\frac{M_e}{S} - \frac{p}{S \cdot w^2}\right) - p \cdot \frac{l^2 - x^2}{2 S} + \frac{p}{S \cdot w^2} - \frac{M_l}{S} \,. \tag{6}$$

Desgleichen:

$$y = \left[\frac{p}{S \cdot w^2} - \frac{M_l}{S}\right] \cdot \left[1 - \frac{e^{wx} + e^{-wx}}{e^{wl} - e^{-wl}}\right] - p \cdot \frac{l^2 - x^2}{2 S} \,. \tag{6a}$$

Größte Spannung nach Forchheimer, Fall Abb. 24a:

$$\sigma_{\max} = \frac{S}{s} + \frac{6\,M_0}{s^2}. \tag{7}$$

Desgleichen, Fall Abb. 24b:

$$\sigma_{\max} = \frac{S}{s} + \frac{6\,M_l}{s^2}. \tag{8}$$

In diesen Gleichungen ist:

$$S = \frac{l' - l}{l} \cdot E \cdot (1 + \beta^2) \cdot s. \tag{9}$$

Hagers Gleichung für die Spannung:

$$\sigma = p \cdot \frac{b^2}{s^2} \cdot C. \tag{10}$$

Bachs Gleichung mit der Form Hagers in Übereinstimmung gebracht:

$$k_b = p \cdot \frac{b^2}{s^2} \cdot \frac{\mu \cdot \lambda^2}{2 \cdot (\lambda^2 + 1)}. \tag{11}$$

Beanspruchung nach Pietzker für eine rechteckige, eingespannte Platte mit zwei kurzen und zwei unendlich langen Seiten:

$$\sigma = \frac{M}{W} = \frac{p \cdot b^2}{12} \cdot \frac{6}{s^2} = 0{,}5\,p \cdot \frac{b^2}{s^2}. \tag{12}$$

Gemeinsame Form der Gleichungen Bachs, Hagers und Pietzkers:

$$\sigma = p \cdot \frac{b^2}{s^2} \cdot \varphi. \tag{13}$$

Hagers Berichtigungszahl *C*.

Seitenverhältnis $b:a$	1 : 1	1 : 1,25	1 : 1,5	1 : 2	1 : 3	1 : 4
Berichtigungszahl C	0,3	0,41	0,47	0,54	1,03	1,44

Pietzkers Berichtigungszahl für das Biegemoment.

Seitenverhältnis $b:a$.	1 : 2,5	1 : 2	1 : 1,8	1 : 1,6	1 : 1,4	1 : 1,2	1 : 1
Berichtigungszahl . .	0,99	0,96	0,94	0,91	0,86	0,79	0,64

Pietzkers Berichtigungszahl für die Biegebeanspruchung in der Mitte der kurzen Seite.

Seitenverhältnis $b:a$.	1 : 2,5	1 : 2	1 : 1,8	1 : 1,6	1 : 1,4	1 : 2	1 : 1
Berichtigungszahl . . .	0,03	0,06	0,09	0,14	0,22	0,38	0,64

Vergleichende Zusammenstellung der Berichtigungszahlen φ_B, φ_H, φ_P nach Bach, Hager, Pietzker.

$b:a$	1 : 3	1 : 2,5	1 : 2	1 : 1,8	1 : 1,6	1 : 1,4	1 : 1,2	1 : 1
φ_B	0,34	0,32	0,30	0,29	0,27	0,25	0,23	0,19
φ_H	1,03	0,79	0,54	0,51	0,48	0,45	0,39	0,30
φ_P	0,50	0,49	0,48	0,47	0,45	0,43	0,38	0,32

Lebenslauf.

Ich, Kurt Erich Ferdinand Georg Roeser, bin am 30. März 1888 zu Graudenz als Sohn evangelischer Eltern geboren. Meine erste Ausbildung empfing ich an der Graudenzer Oberrealschule, die ich März 1906 mit dem Zeugnis der Reife verließ. Ich arbeitete praktisch auf der Kaiserlichen Werft Danzig sowie auf der Schiffswerft von J. W. Klawitter, Danzig und studierte an der Danziger Technischen Hochschule das Schiffbaufach. Im Herbst 1908 bestand ich die Vorprüfung, wurde bis 1909 zur Ableistung meiner Dienstpflicht nach Kiel-Friedrichsort (Matrosenartillerie) beurlaubt und legte nach Wiederaufnahme der Studien im Dezember 1911 die Hauptprüfung im Schiffbaufache ab. Nach einjährigem Aufenthalt im Ausland (Südrußland) trat ich Anfang 1913 als Konstrukteur in die Dienste der Firma Blohm & Voß, Hamburg. Der Krieg riß mich aus der Berufsarbeit heraus und rief mich als Reserveoffizier an die Front. Glücklich zurückgekehrt, nachdem ich noch $1^1/_2$ Jahre (1917/18) als Betriebsdirigent auf den Werften des Marinekorps tätig war, befinde ich mich seit Januar 1919 in den Diensten der Firma Fried. Krupp, A.-G., Essen.

GPSR Compliance

The European Union's (EU) General Product Safety Regulation (GPSR) is a set of rules that requires consumer products to be safe and our obligations to ensure this.

If you have any concerns about our products, you can contact us on ProductSafety@springernature.com

In case Publisher is established outside the EU, the EU authorized representative is:

Springer Nature Customer Service Center GmbH
Europaplatz 3
69115 Heidelberg, Germany

Batch number: 10682323

Printed by Printforce, the Netherlands